国家出版基金项目
NATIONAL PUBLICATION FOUNDATION

中国卷

谭徐明　总主编

世界灌溉工程遗产研究丛书

周波　著

中国最早的蓄水工程

芍陂

长江出版社
CHANGJIANG PRESS

总 序

在世界广袤的大地上，分布着丰富且类型多样的人类文明，古代灌溉工程就是其中之一。直到今天，还有相当数量的古代灌溉工程在持续地为人们提供着生活、灌溉和生态供水服务。现存的古代灌溉工程历经长久考验，没有成为西风残照的废墟，也没有成为书籍中刻板的回忆，而是以与自然融为一体的形态存在，并成为兼具工程价值、科学价值和文化价值的人类文明奇迹。

2014 年，国际灌溉排水委员会（ICID）开始在世界范围内评选收录灌溉工程遗产，旨在挖掘、保护、利用和宣传具有历史意义的灌溉工程所蕴含的自然哲理、科学思想、文化价值和实用价值。从 2014 年至 2020 年，经由中国国家灌排委员会推荐和国际评委会评审，我国有安徽的芍陂、四川的都江堰等二十处具有历史意义的灌溉工程入选世界灌溉工程遗产名录。由此，古老而丰富的中国灌溉工程遗产向世界又开启了一个了解和认识中国文明史的新窗口，让更多的人走进中国悠久而辉煌的水利史，探索这些工程中蕴藏的人与自然和谐相处的理念和古代贤人因势利导的治水智慧和方略。

粮食充裕则天下稳定，人民安居乐业，而灌溉工程正是在洪涝干旱灾害频发的自然环境下保障粮食丰收的关键所在。中国是灌溉文明古国，历朝历代从一国之君到州县官员无不重农桑兴水利，并确立了从中央到民间权、责、利相互结合的灌溉管理制度。农耕文明下的这些灌溉工程及其管理制度和道德约束，为水利发展注入了民族精神，并在历史的长河中衍生出独特的文化和记忆，使得现存的古代灌溉工程在这一独特的文化滋养下世代相传、经久不衰。每一处灌溉工程遗产都是人与自然和谐相处和可持续发展活生生的实证。

中国 5000 年的农耕文明史中，因水资源禀赋和自然环境差异而建造出类型丰富、数量众多的灌溉工程。留存下来的古代灌溉工程得以延续至今，往往缘于这一灌溉工程在规划、选址、选型、建设和管理上的可持续性，随着科技和社会的发展，其功能和效益仍在扩展中。如安徽寿县的芍陂，是我国历史最悠久的大型陂塘蓄水灌溉工程，它始建于战国时期最强盛的楚国，历经 2600 多年后，至今仍灌溉着 67 万亩农田，并成为今天淠史杭灌区的反调节水库。再如有 2270 多年历史的四川都江堰，是世界上年代最久远、仍在发挥作用的无坝引水灌溉工程。留存至今的古代灌溉工程堪称人与自然和谐相处的典范，是可持续发展的活样板。

抛弃历史的前进，终究是无本之木，善于继承方能更好创新发展。在我们拥有先进科学技术的当代，从灌溉工程遗产中汲取经过历史检验的科学理念、智慧和经验，把现代科学技术与经过历史检验的思想和理念相结合，有助于更好地设计和建造人水和谐与可持续发展的灌溉工程。灌溉工程遗产也是重要的文化传承，在灌区现代化建设的过程中应该同时加强对灌溉工程遗产和灌溉文明的保护，让中华大地上美轮美奂的古代灌溉工程和丰富多彩的灌溉文化依然充满生命力，让历史文化在流水潺潺的水渠、在生机勃勃的田野得到永恒延续发展，为我国灌溉文化的生命传承和建设现代化生态灌区注入不竭的动力。

中国水利水电科学研究院原总工程师
2011—2014 年国际灌溉排水委员会第 22 届主席

2023 年 8 月于北京玉渊潭

芍陂

目 录

世界灌溉工程遗产研究丛书

中国卷

导　言

　　芍陂位于安徽寿县城南 30 千米处，始建于春秋楚庄王时期（约公元前 605—前 594 年间），距今 2600 多年历史，比著名的都江堰、郑国渠还要早 300 多年，是我国最早的大型陂塘蓄水灌溉工程，是古代水利工程可持续发展的典范。

　　芍陂创建者孙叔敖利用芍陂周围东南西三面地势高而北面低的地形，开渠引水，筑堤建水门，蓄水灌溉。芍陂建成后，在历史上发挥了重要的灌溉作用，淮河中游成为中国的粮仓，唐宋时期灌溉面积曾高达万顷。芍陂所在地安徽寿县，自春秋末年成为楚国都城长达 300 年，并因此衍生了悠久丰厚的楚文化，传承至今。

　　2600 多年来，芍陂历经变迁。芍陂体系科学，是中国农业灌溉发展的"里程碑"。引、蓄、灌、排、泄功能完备，历史上虽几经变迁，但这一工程体系构成基本未变。目前芍陂（安丰塘）作为淠史杭灌区一座重要的中型反调节水库，依然发挥着灌溉、防洪、水产养殖、供水、生态等重要作用，常年蓄水 1 亿立方米，灌田 67 万亩，受誉"天下第一塘"。1988 年，芍陂被评为"全国重点文物保护单位"，2015 年，芍陂又先后被列入"世界灌溉工程遗产"和"中国重要农业文化遗产"名录。

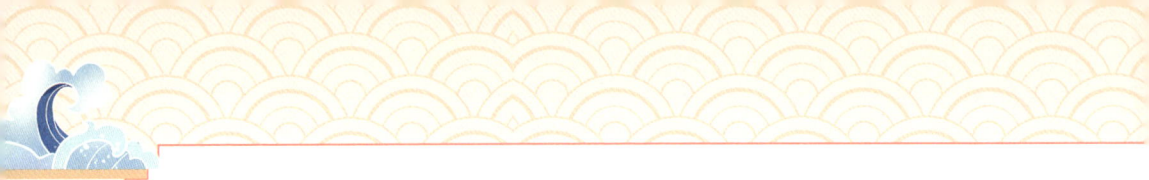

第一章　概　述

　　芍陂位于安徽省寿县，处于淮河中游南部，属于我国自然地理南北过渡带，水系丰富。寿县灌溉区具有 2000 多年的历史，虽然所属行政区划屡有变更，但由于芍陂的灌溉作用，寿县农业生产和经济发展一直处于淮河中游地区的领先地位，也一直是其所在行政区划的中心。

第一节　地理环境

　　寿县地处安徽中部淮南市寿县城南 30 千米，淮河中游南岸，北纬 32° 13′ 56.85″ ~ 32° 37′ 0.00″、东经 116° 28′ 43.45″ ~ 116° 53′ 35.72″，属华北平原向丘陵的过渡地带。寿县北隔淮河与凤台县相望，西滨淠河与霍邱县为邻，南接六安市和肥西县，东邻长丰县，东北界淮南市，西北界颍上县，县境南北长 73 千米，东西宽 40.9 千米，全县总面积 2986 平方千米（见图 1-1）。

一、区位

　　芍陂位于寿县中部，北距寿县县城 30 千米，地处淮河中游的正阳关至寿县段以南，大别山北麓余脉丘陵地区小山岗的北面，介于淠河与东淝河之间（见图 1-1），东倚长岗与瓦埠湖相望，西与淠河相邻，塘底高程 26.6～27.8 米。芍陂及灌区范围包括安徽省淮南市寿县下辖的堰口镇、窑口镇、寿春镇、双桥镇、涧沟镇、丰庄镇、正阳关镇、板桥镇、安丰塘镇、陶店回族乡、八公山乡共 11 个乡镇和保义镇的塘郢、大林 2 个村，以及寿西湖农场，共 13 个乡镇和地区、114 个行政村，北纬 32° 08′～32° 40′、东经 116° 27′～116° 53′，农田灌溉面积 67 万亩（1 亩 =666.67 平方米）。

图 1-1　芍陂在安徽省的位置

二、山川河流

寿县全境以浅丘、平原为主，地势东南高向西北渐低。淮河南岸多山地丘陵，支流少而短促，这些支流多发源于大别山区，山地海拔高度一般在 300 米以上，大别山在湖北、河南交界处进入安徽境内，分别位于淮南地区的西、南、东三面，如天柱山、潜山、都岗岭、龙穴山、小华山等。这些山脉的山溪水，呈扇面形由南向北，向北方寿县洼地汇集成芍陂，再汇入淮河。

淮河地区属于我国自然地理南北过渡地带，处于长江中下游和黄河下游之间，属于典型的不对称羽状水系，且支流众多。而这些支流又多集中在中游地区。寿县北缘有淮河自西向东，西缘有淠河由南而北流经县境，东淝河中、下游河道及瓦埠湖纵贯寿县南北，境内有寿西湖、肖严湖（正南洼地）、梁家湖分别注入淮河、淠河（见图 1-2），主要河流有：

图 1-2　芍陂所在淠史杭灌区水系图

淮河。发源于桐柏山，全长约 1000 千米，流经寿县的河道，处于淮河的中游，长 37 千米。自正阳关西北的溜子口入境，向东流经黑泥沟、赵台子至郝家圩北入凤台县。鲁台子水文站以上的流域面积计 88630 平方千米，年平均径流量约 135.6 亿立方米。

淠河。是淮河主要支流之一，发源于大别山北麓，上游有东西二源于六安县西南的两河口汇流北下，经六安至码头集入寿县境。再北流经迎河集、大店岗至清河口入淮河。淠河全长 260 千米，流经寿县境内的河段长 59 千米。

东淝河。源于江淮分水岭北侧，董埠以上汇集了西起龙穴山，东至大潜山以北的来水，董埠以下河道经石埠嘴，船涨铺至白洋店，白洋店以下至钱家滩一段称为瓦埠湖，湖面南北长约 52 千米，东西平均宽约 3 千米。钱家滩以下河道经东津渡、寿县城北、五里庙至河口入淮河，长 15 千米。东淝河在东淝河闸以上的集流面积 4200 平方千米，河道长 152 千米。

山源河。古称淠水，源于江淮分水岭小华山以东，龙穴山以西，流域面积 390 平方千米，经六安县境内的东二十里铺、大桥贩至葛嘴汇淠源河水北流经众兴、双门入安丰塘。葛嘴以下旧称塘河，长 32 千米，今为淠东干渠上的一段河道。是古代芍陂的水源之一。

三、气象水文

芍陂所在灌区地处淮河流域中段南侧，为华北气候区、华中气候区的中间地带，属亚热带北缘季风性湿润气候类型。各主要气候要素的变化均呈单峰型，冬夏长，春秋短，四季分明的特点，冬季，淮河、淝河等河间有结冰；春夏秋受长江中、下游温和湿润气候影响，又有江淮分水岭的阻隔，气候要素呈现出地温高于气温，蒸发量大于降雨量的特点。

1955—1985 年，寿县年平均气温 14.8℃，极端最高气温为 41℃，极端最低气温为 –18.1℃，1 月平均气温 0.7℃，7 月平均气温 27.9℃，无霜期 213 天，地区光照充足，年日照时数 2298 小时；年平均风速 3.3 米每秒，盛行偏东风。

年平均降雨量 906.7 毫米，年际变化大，年内分布不均，由北向南降水量逐渐增多，雨季集中在 5—9 月，年均蒸发量 892 毫米。

由于地处南北气候过渡带，且降水量分布不均匀，雨量北少南多，气温北低南高，易旱易涝，淮湖洼地渍涝年有发生。芍陂未修筑之前，这里夏秋雨季极易因暴雨引发洪涝灾害，雨季过后又经常发生大面积旱灾，灾害性气候不同程度影响了农业产量的提高。

第二节　社会经济状况

一、政区与人口

寿县目前隶属于安徽省淮南市，截至 2021 年，寿县下辖 22 个镇、3 个乡，另设有 1 个开发区、2 个农场。寿县人民政府驻寿春镇。寿县别称寿州、寿春，是安徽省第一批入选国家历史文化名城的三个城市之一，历史上 4 次为都，10 次为郡，也是中国豆腐的发祥地，淝水之战的古战场，素有"地下博物馆"之称。寿春楚文化博物馆珍藏国家一级文物 160 多件，二、三级文物 2000 多件。2020 年 1 月 22 日，被住房和城乡建设部命名为国家园林县城。

截至 2021 年末，全县户籍人口 139.29 万人，其中：男性

74.24 万人，女性 65.05 万人。常住人口 83.78 万人。县境内有汉、回等民族，以汉族为主，占总人口 97.3%。

二、经济概况

芍陂自 20 世纪 50 年代纳入中国第二大灌区——淠史杭灌区以来，成为其重要的组成部分。水源自上游淠河总干渠、淠东干渠注入芍陂，水质常年达到二类标准。

寿县是水稻、小麦优势产区，国家首批商品粮基地县之一、水产大县，遗产地主要经济支柱产业为农业。全县粮食年产量占到全国的 1/300，其中大部分来自芍陂灌区。芍陂产的大米，晶莹剔透，芳香馥郁，可谓"楚稻中秋熟，珠玑碗面浮"，这些优点都源自得天独厚的气候、土壤、水利等自然生态条件。寿县拥有百万亩优质稻谷生产基地，大米"三品认证"已完成 120 个，其他产品中绿色食品 114 个，有机食品 3 个，无公害农产品 3 个，订单生产基地面积已达 70 余万亩，涌现一批如国精、寿州花、红苹果、六寿园、生香、寿裕、泰子王、玉倩等地方知名大米品牌，优质大米年销售量 60 余万吨，产值 15 亿元以上。2017 年，寿县与中国水稻研究所共建"国家水稻绿色增产增效协同创新联盟安徽省寿县示范基地"。在寿县安丰塘镇戈店村、堰口镇大光社区、迎河镇大店村建立 3 个示范区。通过示范种植万象优华占、万象优双占、万象优 982、万象优丝苗、万象优 111、洮优 5341、洮优 5455、桃优香占、旱优 73、晶两优 534、南粳 9108、皖垦粳 11036 等优质稻谷。这些部标二级以上的优质品种推广面积迅速扩大，"三品认证"与稻田综合养殖技术紧密结合，促使"稻虾共育"面积剧增至 20 余万亩，芍陂生态大米食味品质和卫生品质双提升，为芍陂灌区百万亩稻米生产品牌建设奠定了坚实基础。

目前芍陂灌区的经济效益除粮食生产之外，还有中华鳖、皖西白鹅等优质特色水产养殖，草席、柳编、豆制品等特色农产品，是寿县经济的重要组成，也是灌区农民的主要经济来源。

2021年寿县全年地区生产总值（GDP）243.8亿元，第一产业增加值58.8亿元，第二产业增加值63.1亿元，第三产业增加值121.9亿元。三次产业结构比例为24.1：25.9：50.0。全年常住居民人均地区生产总值达29057元（折合4505美元）。全年农作物总播种面积482.6万亩。其中：小麦面积172.5万亩；稻谷面积255.7万亩；油菜籽面积6.2万亩。全年粮食总产量176.5万吨。其中：稻谷总产量111.28万吨，小麦总产量59.3万吨，油菜籽产量1.07万吨，棉花产量24.8吨。全年实现农林牧渔业总产值114.7亿元。其中：林业总产值3.9亿元，畜牧业总产值30.4亿元，渔业总产值24.7亿元。

第三节　区域人文史

一、楚国与楚都寿春

楚国（公元前1042—前223年）是周朝时期（公元前1046—前256年）位于长江流域的诸侯国，国君为芈姓、熊氏。

楚人最早是华夏族南迁的一支，其首领是黄帝之孙颛顼（zhuān xū，五帝之一）后人，受商朝影响被迫南迁，与当地土著逐渐融合形成了一个有自己特色的部落——楚。商朝末年，楚人部落（确切讲是芈姓季连部落）酋长鬻熊投奔周文王，并由于其才能出众成为周文王的老师。后来鬻熊的儿子熊丽、孙子熊狂也都一心一意侍奉文王、武王。至周成王时，周成王感念鬻熊一家三代功勋卓著，封鬻熊的曾孙熊绎为子爵，建立楚国，定都于丹阳（今湖北秭归）。楚国从鬻熊开始算起传至其最后一任国君楚后怀王熊心（楚前怀王熊槐之孙，为项羽的叔父项梁所立，后被项羽所杀），共经历了 47 位国君。

公元前 689 年，楚文王将都城从丹阳迁到郢（湖北省荆州市荆州区纪南城一带），一直持续到公元前 278 年。公元前 241 年，春申君组织东方国家最后一次合纵，但被秦军所败，楚考烈王怕秦国报复，再次将楚都迁至更东面的寿春（今安徽寿县）。这就是寿春作为楚国都城的来历，史料有载："东徙都寿春，命曰郢。"公元前 223 年，也就是秦王政二十四年，秦破楚克郢（寿春），虏楚王负刍，至此，战国时期的楚国，正式灭亡。秦朝划江淮及其以南地区为九江郡，置寿春县，楚国于此时成为秦朝下面的一个郡。

寿春作为楚国文化的最后一个文化政治经济中心，延续和发展了 2000 多年的楚文化（图 1-3、1-4）。

图 1-3　战国鄂君启金节

▶ 此节是 1957 年和 1960 年两次出土于寿春城遗址内的邱家花园中的 5 枚金节之一，上面有错金铭文，记载了楚怀王六年（公元前 323 年）楚使柱国昭阳将兵攻魏，破之于襄陵的史事，是楚怀王颁发给鄂君（今湖北鄂城的封君）启的行商免税凭证，是研究楚国税制、符节制度、水陆交通、地理、地名等方面极为珍贵的实物资料，现存安徽省博物院。

▶ 又叫铸客大鼎，1933年寿县楚幽王墓出土。通高113厘米，口径93厘米，重约400公斤，圆口平唇、圆底、修耳、蹄足、耳饰斜方格云纹，腹饰蟠虺纹，犀首纹膝，现藏安徽省博物馆。

图1-4 楚大鼎

二、政区沿革

寿县，古称寿春、寿阳、寿州，战国时期为楚国国都。秦代至两汉时期属九江郡，为郡治所。三国时期隶扬州淮南郡。西晋永嘉时期，析扬州西部地为豫州，淮南郡隶之，自此至南北朝时期，寿春县一直隶于豫州淮南郡，多为州、郡治所。南北朝时期又隶扬州，为州治所。隋代为淮南郡治，领寿春、安丰、霍邱、下蔡4县。唐代为寿州治，领寿春、安丰、霍邱、霍山、盛唐5县。五代先后隶忠正军、清淮军，为军、州治。北宋隶淮南西路寿春府，南宋隶淮南西路安丰军，辖寿春、安丰、霍邱、六安4县。元代隶河南行中书省安丰路总管府，领寿春、安丰、霍邱、下蔡、蒙城5县及濠州。明代直隶京师中书省，为州治，领5县。

清初，寿州属江南省凤阳府，领2县。康熙六年（公元1667年）析江南省地置安徽省，原江南省左布政使司改称安徽布政使司，仍驻江宁（今南京市）署理安徽各府、县政事。同治四年（公元1865年）徙凤台县治于下蔡镇，原治所辖州城6坊还属寿州；

同年，安徽置 3 道，寿州隶于凤颍六泗道（后改为皖北道）凤阳府。民国元年（公元 1912 年）废道府，改寿州为寿县，直隶于安徽省。1952 年以后，寿县隶安徽六安专区（具体历史沿革见表 1-1）。

表 1-1　　　　　　　　　　寿县行政区沿革表 [①]

朝代	公元纪年	名称	隶属关系
战国·楚	考烈王二十三年（公元前 241 年）	寿春邑郢	楚国国都。
秦	始皇帝二十六年（公元前 221 年）	寿春县	属九江郡，为郡治。
西汉	高祖四年（公元前 203 年）	寿春	属淮南王国，英布为王，都于六。（前，项羽曾立英布为九江王，都六。）
西汉	武王元狩元年（公元前 122 年）	寿春县	属九江郡，为郡治所。
西汉	元封五年（公元前 106 年）	寿春县	隶扬州刺史部和江郡，为郡治。
东汉	建武元年（公元 25 年）	寿春县	隶扬州九江郡。州治原在历阳（今和县），汉末先后移寿春、合肥；郡治在阴陵（今定远县西北）。
三国·魏	黄初元年（公元 220 年）	寿春县	隶扬州淮南郡，为州和郡治（州治先在合肥）。
西晋	泰始元年（公元 265 年）	寿州县	隶扬州淮南郡，州治在建邺（后称建康，即今南京）。永嘉时，析扬州西部地为豫州，淮南郡隶之。
东晋	元帝建武元年（公元 317 年）	寿春县	隶于豫州淮南郡。
东晋	孝武帝元年（公元 373 年）	寿阳县	孝武帝时，因避帝后讳，寿春改称寿阳。淝水之战（公元 383 年）以后，寿阳为豫州淮南郡治所。

[①] 资料来源：寿县地方志编纂委员会，《寿县志》，黄山书社，1996。

朝代		公元纪年	名称	隶属关系
南北朝	宋	永初二年（公元 421 年）	睢阳县	隶于豫州南梁郡，为州、郡治所。
	南齐	建元元年（公元 479 年）	寿阳县	隶于豫州，为州治所。
	北魏	景明元年（公元 500 年）	寿春县	隶扬州淮南郡，为州、郡治所。
	梁	普通七年（公元 526 年）	寿春县	隶豫州（后为南豫州），为州治所。
	东魏	武定七年（公元 549 年）	寿春县	隶扬州，为州治所
	北齐	天保元年（公元 550 年）	寿春县	隶扬州，为州治所
	陈	太建五年（公元 573 年）	寿阳县	隶豫州，为州治。
	北周	大象元年（公元 579 年）	寿春县	隶扬州淮南郡，为州、郡治；大象二年（公元 580 年），置扬州总管驻寿春。
隋		开皇八年（公元 588 年）	寿春县寿州	为淮南行台尚书省治；次年改为寿州总管府治所。领寿春、安丰 2 县。
		大业三年（公元 607 年）	寿春县	为淮南郡治，领寿春、安丰、霍邱、下蔡 4 县。
唐		武德三年（公元 620 年）	寿州寿春县	为寿州治，领寿州、安丰县，后增领霍邱县。
		贞观元年（公元 627 年）	寿州寿春县	隶淮南道（道治在扬州），为州治，增领霍山县。
		天宝元年（公元 742 年）	寿春县	隶淮南道寿春郡，为郡治所，领寿春、安丰、霍山、霍邱、盛唐 5 县。

朝代		公元纪年	名称	隶属关系
唐		乾元元年（公元758年）	寿州寿春县	隶淮南节度使，为州治所，领5县。
五代	吴	天佑四年（公元907年）	寿州寿春县	隶忠正军（节度使），为军、州治。
	南唐	升元元年（公元937年）	寿州寿春县	隶清淮军（节度使），为军、州治所。
	后周	显德四年（公元957年）	寿州寿春县	隶于忠正军（节度使）、寿州；周徙军治、寿州治所于下蔡（北寿春）。
北宋		政和六年（公元1116年）	寿春县（南寿春）	隶于淮南西路寿春府，府治所在北寿春（下蔡）。（《〈嘉靖〉寿州志》称：真宗时升寿州为寿春府，此为《〈光绪〉寿州志》。）
南宋		绍兴十二年（公元1142年）	寿春县	隶于安丰军，军治所在安丰县。金据淮北，以下蔡称寿州，隶汴京路（后改称南京路）。
		绍兴三十二年（公元1162年）	寿春县寿春府	隶于淮南西路，寿春为州治所。领寿春、安丰、六安、霍邱四县；兼制安丰军（军治仍在安丰县）。
		乾道三年（公元1167年）	寿春县	隶于淮南西路安丰军（改寿春府为安丰军），军治所由安丰徙寿春，辖寿春、安丰、霍邱、六安4县。
元		至元十四年（公元1277年）	寿春县	隶河南行中书省安丰路总管府，为总管府治；领寿春、安丰、霍邱3县，至元二十八年（公元1289年）增领下蔡、蒙城2县及濠州。
		至正二十四年（公元1364年）韩林儿宋龙凤十年朱元璋始称吴王	寿州寿春县	隶属于（吴）临濠府，寿春县为州治。

芍
陂
中国最早的蓄水工程

朝代	公元纪年	名称	隶属关系
明	洪武二年（公元 1369 年）	寿州寿春县	直隶京师中书省，为州治，领寿春、安丰、下蔡、霍邱、蒙城 5 县。
明	洪武四年（公元 1371 年）	寿州	隶中都临濠府，省寿春、安丰、下蔡 3 县合并为寿州，领霍邱、蒙城 2 县。〔洪武六年（公元 1373 年）临濠府改称中立府，洪武七年（公元 1374 年）又改称凤阳府〕。
明	永乐十九年（公元 1421 年）	寿州	成祖迁都北京（顺天府），北京称京师，南京置六部如旧制，凤阳府直隶南京，寿州领县如前。
清	顺治元年（公元 1644 年）	寿州	隶江南省凤阳府，领霍邱、蒙城 2 县。顺治十八年（公元 1661 年）江南省始设左、右承宣布政使司，凤阳府隶于左布政使司。
清	康熙六年（公元 1667 年）	寿州	原江南省左布政使司改称安徽布政使司，仍驻江宁，凤阳府隶之。部分史家认为该年为安徽建省之始。
清	雍正二年（公元 1724 年）	寿州	霍邱蒙城 2 县改隶于颍州府。寿州为散州，不领县，仍隶于凤阳府。雍正十一年（公元 1733 年）析寿州所属故下蔡县地置凤台县，县治所在州城东北隅。
清	乾隆二十五年（公元 1760 年）	寿州	隶安徽省凤阳府（是年安徽布政使司自江宁徙省垣安庆）。
清	同治四年（公元 1865 年）	寿州	隶安徽省凤颍六泗道（后改为皖北道）凤阳府。
中华民国	元年（公元 1912 年）	寿县	直隶安徽省。民国三年（公元 1914 年）隶安徽省淮泗道；民国十七年（公元 1928 年）道撤，复直隶于省。

朝代	公元纪年	名称	隶属关系
中华民国	民国二十一年（公元 1932 年）	寿县	隶安徽省第四行政督察区，督察区专员驻寿县。民国二十七年（公元 1938 年）改隶于第三行政督察区，专员先后驻立煌、六安。民国二十九年（公元 1940 年）第三区改为第二区。
中华人民共和国	1949 年	寿县	隶于皖西行政公署。6 月，改隶于皖北人民行政公署六安专区。
	1952 年	寿县	隶安徽省六安专区。
	1958 年	寿县	改隶于淮南市。
	1959 年	寿县	隶安徽省六安专区。
	2015 年	寿县	隶安徽省淮南市。

　　自秦朝设置九江郡以来，寿县被列入行政区已有 2000 多年的历史，虽然各朝代行政区划有所变迁，但寿县一直是所在行政区域的中心，在各朝代多为州、郡治所，这在一定程度上得益于芍陂的灌溉作用，有利的灌溉条件促进了当地的农业生产和经济发展。

第二章　芍陂历史沿革

春秋时期，楚国为了在诸侯之争中夺取霸权，逐渐将领土向北、向东扩张，芍陂所在的淮河中游南岸，水资源丰富，具有优越的发展农业生产的条件。楚国统治者为了增强经济实力和军事补给，大力发展农业，必然增加了对水利工程的需求，在今天河南固始建有大型灌区期思雩娄灌区，芍陂也是在这样的背景下创建，历经两千余年更替，屡废屡修，延续至今。

第一节　楚都东迁与芍陂创建

一、芍陂创建的历史背景

春秋中期，尤其是楚庄王时期（公元前 613—前 591 年），楚国逐渐在诸侯争霸中强大起来，齐国在齐桓公之后霸业逐渐瓦解，宋国经过宋楚之战逐渐退出诸侯之争，晋国在晋襄公的统治下继续保持霸业，也仅能和楚国抗争。芍陂的创建，既是经济社会发展到一定时代的必然产物，也与楚国开疆拓土以及楚庄王的争雄称霸战略密不可分。楚国最早在周王朝只是一个部落，被周成王封首领熊绎为子爵，建立楚国，活动范围逐渐从江汉西岸四面扩张。芍陂所在的淮南地区，在楚穆王统治时期（公元前 625—前 614 年）

已被纳入楚国势力范围之内，但楚国对这里的控制还较为薄弱，因此叛乱事件时常发生。公元前 601 年，楚庄王派兵一举平定群舒叛乱，进一步加强了对江淮地域的控制，史载"伐舒蓼，灭之，楚子疆之。及滑汭，盟吴、越而还。"这里所指的群舒之地，就包括今霍邱、寿县、六安、合肥、霍山、舒城、庐江、桐城、怀宁等县。至此之后，淮河以南、巢湖以西广大地区正式成为楚国疆域，这里与江苏南部和浙江北部的吴越两国相邻界，是楚国北上南下的军事要道，战略位置极其重要。为巩固在江淮地区的统治地位，防御吴、越两国侵犯，实现沿淮而下吞并徐夷，并进而北上与齐、晋争夺陈、宋等国的军事扩张战略，楚国首先必须大力发展农业生产，以满足争霸战争对粮食的需求。淮南地区气候温暖湿润，水土资源条件优越，适合大规模发展稻作农业，但囿于水旱灾害频仍，百姓经常流离失所，加之农业灌溉设施匮乏落后，粮食产量难以有效保证军需民用。因此，如何使淮南这一战略要地尽快变为楚国稳固的后方粮仓，就成了楚庄王谋求争霸大业的当务之急。

农业生产稳定发展的前提，是要有大型灌溉工程作为基础支撑。就在楚庄王为雄心勃勃推进霸业之时，时任楚国令尹虞邱向楚庄王推荐孙叔敖为令尹，帮助楚庄王实现富国强兵大计。孙叔敖，芈姓，蒍氏，名敖，字叔敖（一说字孙叔）。蒍氏为楚国大贵族，其祖父和父亲都曾担任过楚国令尹。孙叔敖深受家庭熏陶，自幼热心水利事业，在土木工程设计和施工方面颇有专长。公元前 602—前 593 年间，孙叔敖担任楚国令尹，他积极辅佐楚庄王发展生产、整顿内政，集中权力、改革军事，组织人民在楚国境内兴修水利，大大改善了当地的农业灌溉条件，显著提高了粮食生

产能力，为楚庄王称雄列国提供了物质保障。芍陂是其主持修建的最重要水利工程。

作为一项陂塘蓄水灌溉工程，芍陂充分利用了地形地势和当地水源条件，选址科学、设计巧妙、布局合理，完美体现了尊重自然、顺应自然、融入自然的建造理念。芍陂所在的淮南地区位于大别山北麓余脉，东南西三面地势较高、北面地势低洼。由于地处南北气候过渡带，且降水量分布不均匀，芍陂未修筑之前，这里夏秋雨季极易因暴雨引发洪涝灾害，雨季过后又经常发生大面积旱灾。孙叔敖顺应自然法则，因势利导，将东面积石山、东南面龙池山以及西南面龙穴山的山溪水汇集起来，选定淠河之东、瓦埠湖之西、贤古墩之北、古安丰县城南一大片地带，利用地势落差围埂筑塘，蓄水积而为湖用于农业灌溉，达到了变水患为水利的效果。为保障充足的灌溉水源，他还在陂塘西南开凿子午渠，引淠水入塘。因芍陂的地理位置南高北低，陂塘的西、北、东三面还分别开凿五个闸门，以控制水量作灌溉、泄洪之用，"水涨则开门以疏水，水消则闭门以蓄之"。清代夏尚忠在《芍陂纪事》一书中记载："芍陂创始孙公，水引六安，洰注安丰，大筑埂堤，开设水门，轮广一百余里，灌田数万余顷。"由此，芍陂开始了2600多年的灌溉历史。

芍陂的"芍"与今日读音不同，"芍陂"之名在传世文献中最早见于东汉班固的《汉书·地理志》，其中庐江郡"灊县"条云："沘山，沘水所出，北至寿春入芍陂"。颜师古注："芍音酌，又音鹊。"该志六安国"六县"条中也有："如溪水首受沘，东北至寿春入芍陂。"颜师古注："芍音鹊。"《后汉书·王景传》载：王景"迁庐江太守。……郡界有楚相孙叔敖所起芍陂稻田。

景乃驱率吏民，修起芜废，教用犁耕，由是垦辟倍多，境内丰给。"李贤注亦曰："芍音鹊。"《太平御览》卷七二地部"陂"条，注云："芍，魏志音鹊。"因此，芍音"鹊"在古代是得到一致认可的。而为何取芍陂之名，历史上有各种说法，一说从《水经·泚水注》中记载，"又东北迳白芍亭东，积而为湖，谓之芍陂"，说芍陂源于白芍亭，白芍亭曾在芍陂内，创建年月不可考，陂水围绕着亭积为湖，因此称为芍陂。也有人提出芍字《说文》训凫茈，即今天荸荠，芍陂因塘内多凫茈等水产物而得名，亦有人因为《尔雅·释草》中"芍"有花容美为义，因此以芍命名。姚汉源先生认为芍陂又称汋陂，《说文》训"激水声也"，意为取水的声音，芍陂古代有取水灌田之利，因此取名①。东晋在此地侨置安丰县，此后芍陂又称"安丰塘"。安丰塘之名，始见于《唐书·地理志》"寿州……安丰……县界有芍陂，灌田万顷，号安丰塘。"

芍陂创建以后，灌溉了淮南淮北广大地区，改变了当地无雨则旱、多雨则涝的局面，使这一带很快成为主要产粮区，既满足了楚庄王开疆拓土对军粮的需求，也在一定程度上促进了楚国的政治稳定和经济繁荣，正如《史记》所说："施教导民，上下和合，世俗盛美，政缓禁止，吏无奸邪，盗贼不起。秋冬则劝民山采，春夏以水，各得其所便，民皆乐其生。"赖于芍陂产生的巨大灌溉效益，楚庄王之后，淮北淮南一带逐渐成为楚国继江汉地区的又一个经济政治中心，春秋末期这里已形成了早期比较繁荣的城市寿春。三百多年后的战国时期，楚国在被秦国打败丧失江汉根据地后，楚考烈王随即于公元前241年迁都寿春以延续楚国统治，

---

① 姚汉源先生在《泄水入芍陂试释》一文中，提出芍陂得名的三种可能性，更倾向于芍陂又或称汋陂因取水灌田的声音而得名。

修筑芍陂给寿春及淮南地区带来的富庶繁华境况可见一斑。

孙叔敖创建芍陂，是其加强江淮地区经营、发展农田灌溉水利的一项重要政治举措，其出发点主要是为楚庄王称霸提供强有力的物质保障。但同时，也从一个侧面反映了水利工程对政治经济发展的重要作用，印证了古代中国倡导"善治国者必先治水"的道理所在。

二、创建者考证

关于芍陂的创建者，历来研究上有一定争议。历史上普遍认为芍陂是由孙叔敖创建于春秋中期。孙叔敖建芍陂的记载，最早可见于《汉书·循吏传》："楚令尹孙叔敖作芍陂，灌田万顷。"北魏郦道元在其《水经注》中也曾提到："陂水上承淠水于五门亭南，陂周百二十许里，在寿春县南八十里，言楚相孙叔敖所造……"南朝宋范晔的《后汉书·王景传》中说"郡界有楚相孙叔敖所起芍陂稻田……"但另有一种说法认为芍陂是由楚大夫子思所造，其来源于《后汉书·志·郡国四》中"扬州·九江郡·当涂县"条下刘昭的注文："《皇览》曰：'楚大夫子思冢在县（当涂，今怀远）东乡，西去县四十里。子思造芍陂。'"综合分析历史文献和各种说法，认为芍陂由子思创建的说法不够科学，其一，楚大夫子思，于先秦古籍无考，仅见于《皇览》，而《皇览》为专记先代冢墓之书，其史料价值，远不及《汉书》和《水经注》。其二，芍陂工程泽被后世，其始建者理应受到后世纪念，然而孙公祠至少在北魏时期已经建造，至今并未见子思祠遗址或者相关文献记载。其三，后代关于芍陂记载的史书，尤其是明清两代的《寿州志》、夏尚忠《芍陂纪事》都没有提及子思造芍陂其事。而孙叔敖创建芍陂的记录在历史文献上比比皆是，因此，在没有新的史料发现之前，我们认定芍陂由春秋中期楚庄王令尹孙叔敖所创建。当然，芍陂也并不是其个人的成果，是在当时历史情境下，孙叔敖作为楚国令尹，进行组织和策划，带领下属和劳动人民共同修建的。

三、创建时间考证

孙叔敖担任楚国令尹的时期，现存史料无确切记载。但是散见于《左传》《史记》及其他先秦、汉初著作中的有关材料综合起来，也大概有个轮廓。

历史上明确记载，楚庄王在位时期为公元前 614—前 591 年，共 23 年。楚庄王九年（公元前 605 年），前令尹子越起兵叛乱，败死。孙叔敖当令尹最早应该是这一年。《左传》宣公十二年（楚庄王十七年，公元前 597 年）晋楚邲之战，孙叔敖曾以令尹身份商讨军事，并指挥作战，打败了晋军，楚国由此取得霸主地位。六年之后（公元前 591 年），楚庄王去世。《史记·滑稽列传·优孟传》卷 126 中曾提到，孙叔敖死后数年，优孟曾向楚庄王提到孙叔敖的儿子生活贫困，楚庄王把寝丘一带封给其子。据此，孙叔敖卒年应在楚庄王去世前至少三四年，也就是公元前 595—前 594 年间，也就是邲之战后两三年，孙叔敖当政大致不过公元前 605—前 594 年这段时间。这正与《吕氏春秋·六论》中提到"孙叔敖为令尹，十二年而庄王霸"相符合。

此外，据《左传》和《史记·楚世家》记载，最早在楚穆王四年（公元前 622 年），楚国灭六（安徽省六安县北）、蓼（今安徽霍邱县西北及河南固始县北一带）；公元前 615 年，群舒叛

楚（楚穆王十一年），到楚庄王十三年（公元前601年）才平定下来，此时楚国东境划至今合肥市东一带，前后经历了14年。这里的"群舒"，包括今天芍陂所在的寿县附近。因此，孙叔敖修芍陂时间可以精确划定为公元前601—前594年这六七年间。

四、芍陂与"期思陂"辨析

在历史文献上，许多学者将芍陂与期思陂混为一谈，主要原因在于文献记载期思陂也为孙叔敖所建造，而且地理位置距离并不远。《淮南子·人间训》中有"孙叔敖决期思之水而灌雩娄之野，庄王知其可以为令尹也。"东汉崔寔在《四民月令》里，也提到"孙叔敖作期思陂"。唐马总在《意林》里说："孙叔敖作期思陂，而荆土用赡"。根据这些推断，大概是期思陂建于孙叔敖任楚相以前，时间早于芍陂。但是唐代杜佑所作《通典》里："寿州……安丰……有芍陂，楚相孙叔敖所起"。崔寔《四民月令》曰："孙叔敖作期思陂，即此。"从此有了"期思陂就是芍陂"的说法。此后宋代《太平御览》《太平寰宇记》、清代的《读史方舆纪要》《大清一统志》等文献，大多数将芍陂与期思陂混为一谈。

期思，据《汉书·地理志》"汝南郡有期思县"，唐颜师古在"期思县"下注云："故蒋国。"郦道元《水经·淮水》"淮水……又东过期思县北"一句下注云："县故蒋国，……楚灭以之为县……城之西北隅，有楚相孙叔敖庙，庙前有碑。"杨守敬下疏云："按续汉志，期思有蒋亭，故蒋国。"晋杜预《春秋释例》："小国，内期思县，所治蒋乡亭。"宋乐史《太平寰宇记》"期思城在固始县西北七十里，楚之下邑。"清嘉庆《一统志·光州直隶州·古迹》："期思故城在固始县西北，楚期思邑。"清乾隆《固始县志》：

"旧志期思故城在今固始县西北七十里期思集，遗迹犹存。"清顾祖禹《读史方舆纪要》卷五十"固始县"条下，亦载："期思城，县西北七十里，古蒋国，楚灭之为期思邑。"从以上文献可以清楚看出，古期思邑在今河南固始县西北七十里的期思集附近，并不是今天所说的县北偏东的蒋集镇。

《楚文化考古大事记》中记载有《河南淮滨期思故城的调查》，指出"期思故城位于淮滨县的淮河和白露河合流处，为西周的封国——蒋国古城。楚穆王九年（公元前 617 年）为楚所灭，置期思邑。"城址尚存。1978 年淮滨县文化馆对该城进行调查，城的平面呈长方形，东西长 1700 米，南北长 500 米，墙残高 2 ~ 4 米，墙基宽约 23 米，城内遗物较多，除有春秋战国时期的铜剑、铜镞和陶器碎片外，还发现较多的蚁鼻钱和一块金郢爰，重 16.9 克。"由此看来，古期思之地位于固始县东北的期思集（今属淮滨县），与芍陂所在的寿县相距甚远，有些典籍将期思陂与芍陂混为一谈应该是后世文笔之误。

第二节　两汉至南北朝时期：芍陂初步发展

两汉至南北朝时期，芍陂得到持续发展，两汉时期已经有了一定的堰坝修建技术，并且设置了专官来管理陂塘，耕作技术也得到了一定的发展。魏晋南北朝时期，虽然战乱较多，但因芍陂所处的淮南，是曹魏重要的屯田之地，得到统治者的重视，能够陆续得到修治。

一、两汉时期：早期工程技术——草土混合堰

芍陂自春秋中期创建，经历春秋、战国而至西汉，寿春一带是淮南王刘长的封国，其地既得芍陂之利，又得交通之便。寿春、合肥等地发展迅速，《汉书·地理志》称其地"寿春、合肥受南北湖皮革、鲍、木之输，亦一都会也"，既是当时南北货物的贸易集散地，又是繁华的城市。西汉时期，《汉书·地理志》记载芍陂有两处，"庐江郡……灊，天柱山在南。有祠。沘山，沘水所出，北至寿春入芍陂。""六安国……县五：六，故国，皋繇后，偃姓，为楚所灭。如溪水首受沘，东北至寿春入芍陂。"这些记载证实了芍陂处于寿春的位置，其中还记载"九江郡，秦置。高帝四年更名淮南国。武帝元狩元年，复故……有陂官、湖官。"当时九江郡所辖县十五，芍陂所属寿春邑属于其一，可以证实芍陂已可能开始设置专门的陂官管理相关事务。

在历史记载中，属于楚越之地的江淮地区一直使用火耕水耨的方法进行耕作，这是一种不同于原始垦荒式的较为先进的稻作耕种方法。这种方法是在当地优越的水、草自然条件下形成的，它维持着自然界和人类之间一种低水平的能量平衡。东汉末年应劭曰："烧草，下水种稻。草与稻并生，高七八寸，因悉芟去，复下水灌之，草死，独稻长，所谓火耕水耨也。"[1] 这种方法是在种植水稻前，先放火烧地，烧去野草和割稻后留下的禾秆，然后下水种稻，最后进行水耨即放水灌田，把草淹死、沤烂用作水稻的肥料。这种稻作方式是楚地种植水稻经验的总结，说明此时稻

---

① ［南朝宋］裴骃《史记集解》。

作技术已经相当成熟了。

但是当人口增加，食物需求扩大时，这种耕作方式不能再大幅提高粮食产量。西汉末年，北方战乱，有大批士人南下避难，南北交往日益频繁，北方先进的文化和农业生产技术在当地亦有更多的传播与融合。东汉建初八年（公元 83 年），王景任庐江太守，发现当地人民不知牛耕之法，"致地力有馀而食常不足。郡界有楚相孙叔敖所起芍陂稻田。景乃驱率吏民，修起芜废，教用犁耕，由是垦辟倍多，境内丰给。"于是，他把牛耕之法引入淮河流域，开辟了更多耕地，从而收获更多粮食。

1959 年 5 月，安徽省文化局文物工作队在寿县南 60 里芍陂东北越水坝的地方，发掘出一座汉代堰坝工程遗址（见图 2-1）。这是一座层草层土叠筑而成的坝，闸坝建筑在一条泄水沟的前面，沟的东壁和西壁向泄水沟的当中和前面倾斜低下，形成南高北低的倾斜面。堰坝遗存的地层关系，除地表外，大体可分三层，即黄夹灰色泥土层、灰土（微夹黄色）泥层和灰黑色胶泥质土层，再下即生土面或砂礓层，在生土层上以砂礓石填筑基础后，逐层叠筑至顶。在草土混合层中，还有一排排整齐有序的栗树木桩，桩尖穿过礓石层深入生土层内。木桩可保证堰坝的整体稳定性。层草为顺水流方向散放，厚度基本相同。层土的泥质非常纯净，毫不含沙，灰黑色，黏性很大，似是经过人工淘洗过的，非常坚实。坝下有用以消能的水潭（消力池），以圆木铺底，两侧用木桩密排做成挡土墙，尾部设置有高 40 厘米的木质消力槛。水潭前方 50 余米处设一道叠梁木坝，系用大型栗树木材斜纵、斜横层层错叠筑成。木坝下也设有消力的池、槛。这座堰坝可能是蓄泄兼顾、以蓄为主的水利工程。水少时，可以通过堰坝的草层使很少的水

徐徐流到水潭内，使之有节制地流到田间；水多时，可以凭借草土混合坝的弹性和木桩的阻力，使水越过堰坝顶部，顺坝泄到水潭内，消能后再从木坝上流下入消力池，再一次消能后从水沟泄走。可见早期芍陂泄水口门的构筑，不是修筑闸门，而是修筑堰坝。

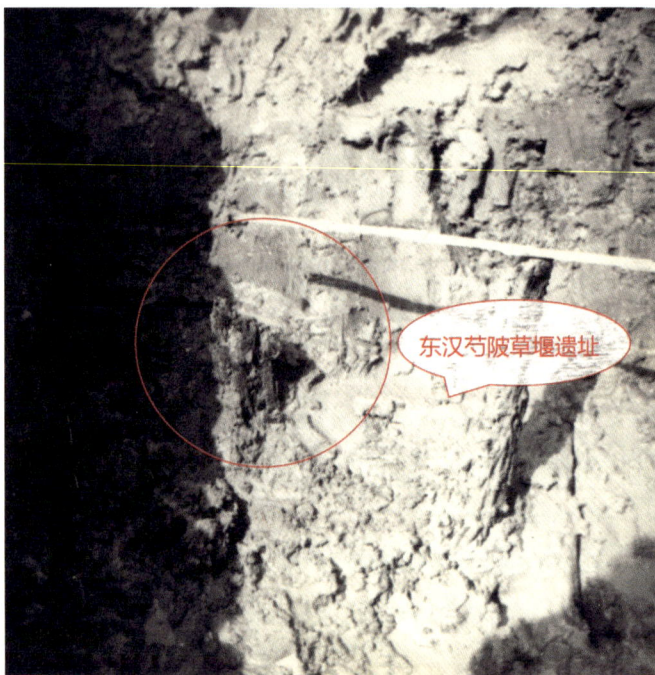

图2-1　东汉芍陂草堰遗址

（1959年5月，安徽省文化局文物工作队在寿县南60里芍陂东北越水坝的地方，发掘出的汉代堰坝工程遗址，为汉代水利工程建筑方式提供了实证。遗址还出土了能代表芍陂当时已有陂官管理的"都水官"铁权等重要铁制文物。）

二、曹魏屯田与芍陂延续

东汉末年，各方割据势力不断混战，经济发展一落千丈，粮食匮乏达到了前所未有的程度。由于袁术祸乱，淮南地区土地大片荒芜，人民纷纷逃离家园。曹操《蒿里行》里"淮南弟称号，刻玺于北方。……白骨露于野，千里无鸡鸣"的描写，正是这一时期淮南地区的真实写照。《三国志·魏书》记载："自遭丧乱，率乏粮谷，诸军并起，无终岁之计……袁绍之在河北，军人仰食桑椹，袁术在江淮，取给蒲蠃。民人相食，州里萧条。"在这种背景下，割据各方都在想方设法发展农业，恢复经济，为军事战争提供稳定的后方保障。战争使大片土地荒芜，人民流离失所，《宋书》记载，"三国时，江淮为战争之地，其间不居者各数百里，此诸县并在江北淮南，虚其地，无复民户。"但这种情况却为屯田制度提供了必需的土地和劳动力。

（一）屯田制度推行

公元 196 年，曹操吸取了"秦人以急农兼天下，孝武以屯田定西域"的历史经验，率先推出了屯田制度。曹操"用枣祗、韩浩等议，始兴屯田。"《魏书》中记载："公曰：'夫定国之术，在于强兵足食，秦人以急农兼天下，孝武以屯田定西域，此先代之良式也。'是岁乃募民屯田许下，得谷百万斛。于是州郡例置田官，所在积谷。"

何为屯田制度？屯田制度是指中国古代朝廷利用士兵和农民垦种荒地，用来取得军队给养或税粮的制度，包括军屯制度、民屯制度和商屯制度。曹魏屯田主要是军屯和民屯。屯田制度先在许昌试行，成功后，并向各地推广，芍陂所在的淮南地区是曹操重要的统治区域，也是当时重要的屯田区。

建安五年（公元 200 年），曹操任命刘馥为扬州刺史，召集流民广开屯田，兴修水利工程。"广屯田，兴治芍陂及茹陂、七门、吴塘诸堨以溉稻田，官民有蓄。"建安十四年（公元 209 年）秋七月，曹操又亲至淮南，"置扬州郡县长吏，开芍陂屯田。"《三国志·仓

慈传》记载："太祖开募屯田于淮南，以慈为绥集都尉。黄初末，为长安令……"绥集，就是安抚聚集，绥集都尉，意指安抚招募流民屯田的官吏。由此可知，仓慈在淮南地区担任绥集都尉，管理民屯，一直持续到黄初（公元200—226年）末年。而芍陂在这一阶段，得到了修治和重视，成为屯田制度发展过程中的重要灌溉工程。

曹魏时期的屯田制地位很高，屯田机构不属于地方官管辖，直接隶属于中央。大司农掌管全国的民屯或者军屯，"诸典农各部吏民末作治生，以要利入"《通典·职官典》说："典农中郎将、典农都尉、典农校尉并曹公置。晋武帝泰始二年，罢农官为郡县，后复有之，隋炀帝罢典农官。"管理屯田的官员成为典农中郎将或者典农校尉，相当于郡守一级，典农都尉属于县令一级，屯司马负责一屯，每一屯有屯田客五十人。民屯主要依靠招揽流民。募来屯田的农民被称为"屯田客"，或者叫典农部民，一旦成为屯田客，就不能随意转移。民屯种植稻、粟、桑、麻，屯田客不须服兵役。曹魏屯田早期，农民并不肯接受，"江淮间十余万众皆惊走吴"，后来曹操接受了袁涣"乐之者乃去，不欲者勿强"的建议，屯田制度才得以推行。

自建安初年开始，军屯也在淮南地区展开，但因为淮南是曹魏政权对垒东吴的前沿和东吴进攻中原的必争之地，又是东吴早期经营过的地盘（吴国孙坚、孙策在淮南地区先后征战多年），在魏国和吴国对垒期间，双方围绕淮南地区的争夺从未停止，战争不断，屯田制度屡屡因为魏吴之间的战争而遭到破坏。

魏正始年间，三国鼎立的局面已经形成，曹魏统治有所巩固，郡县经济也有所复苏，民屯在国家经济中的地位降低了。为解决给养问题，军屯的条件更为成熟，得以更快发展，淮南作为与吴国的主要必争之地，更成为军屯的重要区域。军屯保持原有的军队编制，掌管军屯的官员在郡守一级一般称度支中郎将、度支校尉，县令一级称度支都尉，下面也设屯司马。度支本意为规划计算，量入为出。军屯大约是以营为单位，每营屯田兵约六十，每屯也有屯司马。军屯与民屯不同的是，军屯的生产生活资料都由军队统一支付，所收获的田产也归军队所有。曹魏时期规模最大的军屯，是淮水南北两岸的屯田，常规是四五万人，最多时有十万之众。军屯的屯兵也没有自由，需要世代当兵。按上文记载，邓艾屯田，五里置一营，一营六十人。那就是一里屯田需要 12 个人，三国时期 240 平方步为 1 亩，6 尺为一步，推算下来，三国时期一亩相当于 504 平方米，相当于现在 0.756 亩，12 个人要种 262 亩，每个人大概要种 22 亩。

（二）邓艾屯田与芍陂修治

魏齐王曹芳正始元年（240 年），司马懿选拔邓艾为屯田官，开始在淮南、淮北实行屯田以积储军粮，与东吴对垒。为了扩大与孙吴作战的供给，邓艾受命"广田蓄谷"，十分重视发挥芍陂的作用。

这次屯田，邓艾在其中起到了关键作用。邓艾十分清楚淮南对于曹魏的重要性，他认为与其远道输送粮食到淮南前线，不如就地屯田。他把曹操当年屯田许昌的历史经验推而广之，指出屯田是与东吴长期抗衡的有效对策，可以增强国力，缩短补给，简便易行。经过考察，邓艾提出在淮南、淮北大规模屯田的具体方案，又以当年曹操在许昌实行屯田制度成功为例，指出淮南的核心地位以及屯田的重要意义。"昔破黄巾，因为屯田，积谷于许都以制四方。今三隅已定，事在淮南。每大军征举，运兵过半，功费巨亿，以为大役。陈、蔡之间，上下田良，可省许昌左右诸稻田，并水东下。今淮北屯二万人，淮南三万人，十二分休，常有四万人且田且守。水丰常收三倍于西，计除众费，岁完五百万斛以为军资。六七年间可积三千万斛于淮上，此则十万之众五年食也。以此乘吴，无往而不克矣。"由以上材料可见，邓艾时期军屯是大规模的，淮南淮北间有五万人屯田，实行轮休制度，则常有四万人"且田且守"。

屯田的同时，邓艾还对水利工程进行整治。首先就是开凿河渠，兴修水利。《三国志·邓艾传》中记载："迁尚书郎。时欲广田蓄谷。为灭贼资，使艾行陈、项已东至寿春。艾以为田良水少，不足以尽地利，宜开河渠，可以引水浇灌，大积军粮，又通运漕之道，乃著《济河论》以喻其指。"为了保障军事补给，邓艾还疏通漕运运道，并著有《济河论》。他还在芍陂旁修建了五十余所小陂，"复与芍陂北堤凿大香门水门，开渠引水，直达城濠，以增灌溉，通漕运。"（见图2-2）

郦道元《水经·肥水注》里

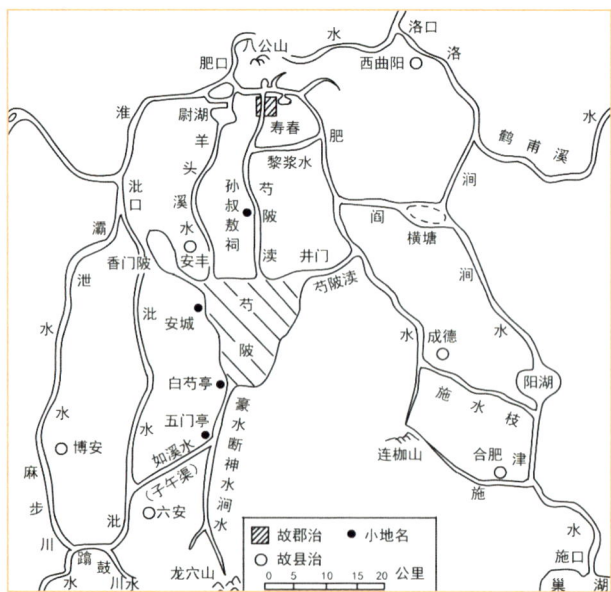

图2-2 芍陂三国两晋时期五座口门位置图

提到了邓艾所修的大香门水门，"陂有五门，吐纳川流""西北为香门陂"（见图2-3）。根据描述，这五个口门一是五门亭南的进水口，是如溪水和涧水相汇后通过此门入陂处，估计在此进水口设有泄洪设施，多余的水量可泄入汜水。因为如无工程控制蓄泄，则不需要设置口门。二是位于东北角的井门，沟通芍陂与肥水，"更相通注"。三是位于塘北孙叔敖祠下的芍陂渎口门，泄陂水入芍陂渎，渎向北流，分为二水，东去一支为黎浆水入肥水，北去一支经寿春城，供寿春用水，再注于肥水。四是位于塘西北的羊头溪水口门，泄陂水入羊头溪，北注于肥水。五是位于西北角的香门，积而为香门陂。五座口门中，五门亭口门是芍陂的主要进水口门，其余四门为灌溉口门，井门与羊头溪水口门兼有泄洪功能。邓艾修建大香门，主要出于灌溉的目的。

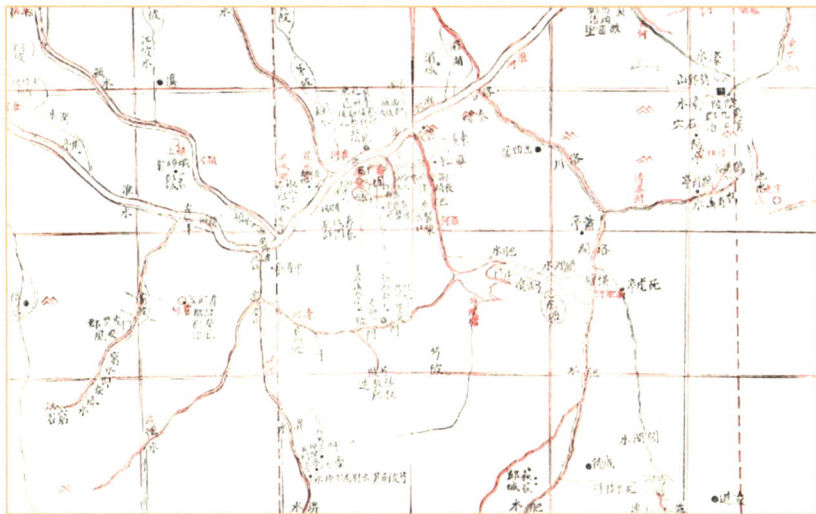

图2-3　《水经注图》中的芍陂

邓艾修治芍陂后，芍陂的灌溉面积逐渐扩大，寿春成为当时淮南淮北的重要产粮中心，正如《晋书·食货志》所说："自钟离而南横石以西，尽沘水四百余里，五里置一营，营六十人，且佃且守。兼修广淮阳、百尺二渠，上引河流，下通淮颍，大治诸陂于颍南、颍北，穿渠三百余里，溉田二万顷，淮南、淮北皆相连接。自寿春到京师，农官兵田，鸡犬之声，阡陌相属。"

（三）屯田制度与芍陂水战

曹魏的屯田举措引起孙吴的密切关注。孙吴地处江南，滨江临海，地理环境优越，加之有着先进的造船技术和南方人擅长舟楫的优势，水军力量在三国当中最为强大。面对强大的魏国，孙吴发挥了其在水军上的优势，赤乌四年（公元241年）四月，东吴对曹魏发动了一场大规模的进攻，兵分四路向淮南、汉水一带展开袭击。五月，卫将军全琮率部对淮南展开攻势，直逼芍陂北方的寿春。东吴这次袭扰的主要目的在于破坏屯田，并对曹魏屯田的核心水利设施芍陂进行了大规模破坏，芍陂大堤被挖断，受到严重毁坏，芍陂下的屯田被淹，一片汪洋。"夏，四月，吴全琮略淮南，决芍陂，诸葛恪攻六安，朱然围樊，诸葛瑾攻中。征东将军王凌、扬州刺史孙礼与全琮战于芍陂，琮败走。"自此之后，芍陂一直没有修治的记录，直到西晋时期，淮南相刘颂才对芍陂进行了有效的治理，制裁不法大户，"颂使大小戮力，计功受分，百姓歌其平惠。"

（四）屯田制度对芍陂的意义

屯田制度是三国时期特定历史制度下的产物，目的是恢复魏国的经济，最终达到消灭吴国的目的。屯田制推广，必须兴修水利，因此直接开垦了大量荒地，恢复和发展了农业，生产了大量粮食，解决了战争时期的军需供应。据《三国志·邓艾传》里邓艾估算，军屯能够为曹魏政权的经济发展创造了巨额收入，军屯"计除众费，岁完五百万斛以为军资。六七年间可积三千万斛于淮上，此则十万之众五年食也。以此乘吴，无往而不克矣。"著名史学家顾祖禹曾指出："魏晋之际，屯戍淮南，用刘馥、邓艾之策，兴陂堰，事耕屯，则转输不劳，而军用饶给。""每东南有事，大军出征，泛舟而下，达于江淮，资食有储，而无水害，艾所建也。"可见，屯田对于魏国实力的提升起到了至关重要的作用。

其次，屯田制度在民屯期间大量招募流民，也在一定程度上有利于社会稳定，加速了郡县经济的发展。魏末晋初废除民屯的时候，在有些屯区增建了新的郡，比如咸熙元年将原来的武典农升为郡，治原武（今河南原阳县），将襄城典农中郎将改为郡，治襄城（今河南襄城县）。

屯田制度在魏末走向衰落，魏国社会经济恢复发展以后，豪强地主的势力开始抬头，尤其是以司马氏集团的世家大族势力，要求重新分配土地和劳动力，屯田制度组织起来的耕地和劳动力成为豪强地主争夺的对象，《三国志》里提到魏国豪强何晏抢占土地"共分割洛阳、野王典农都桑田数百顷"。与此同时，国家把这种屯田的劳动力赐给官僚地主，"魏氏给公卿以下租牛客数各有差。自后小人惮役，多乐为之。贵势之门，动有百数。"还有一些统治者随意利用屯民去修建宫室或者经商盈利，甚至用来打仗。如《三国志》记载"（俭）出为洛阳典农。时取农民以治宫室，俭上疏曰：'臣愚以为天下所急除者二贼，所急务者衣食。诚使二贼不灭，士民饥冻，虽崇美宫室，犹无益也。'"曹魏末年反对司马氏集团的势力，也常常利用屯田兵民参加战争，如正元二年（公元 255 年），毌丘俭"迫胁淮南将守诸别屯者，及吏民大小，皆入寿春城。"

另一方面，屯田的租率也越来越高。屯田制之初，《晋书·傅玄传》载：以往是"兵持官牛者，官得六分，士得四分；持私牛者，与官中分。"到魏末，租率大幅度上升，"持官牛者，官得八分，士得二分，持私牛或无牛者，官得七分，士得三分。"屯田兵民收到苛刻的剥削和压迫，并且要求摆脱人身自由，不断起来反抗，使得屯田制无法继续进行。

因此，咸熙元年（公元264年），郡县内普遍推行的屯田制度遭到废黜，曹魏推行的屯田制结束了，但是军屯在一定地方依然存在。

曹魏屯田制度是特殊政治形势下推动农业发展、保障战争军粮的重要举措，在这种历史背景下，得益于有利的地理位置，芍陂得到了统治者们的重视，水利工程得以维修，邓艾开凿大香门，为隋代赵轨开32水门和隋唐宋时期达到历史最高灌溉面积奠定了基础。如果没有屯田制度推行，芍陂也可能毁于战争，这也从侧面反映了水利工程的延续发展与国家以及区域军事、政治需求息息相关，水利工程对于政治军事具有重要的经济保障作用。

三、南北朝：短暂的修治

晋宋时朝，一直以北进中原，恢复河山为己任，多次有举兵北伐的举动，淮南又因其特殊的地理位置成为北伐的基地，历代军队皆在此大兴军屯囤积军粮，寿春、淮阴等地因其军事重镇的位置而成为军屯的重点。

从西晋平吴年间至刘宋元嘉末年，芍陂得到短暂的修治。晋平吴后，江淮之间基本上未受到战争的直接破坏，人民返还江淮，原来因民户流散而荒废的郡县亦得复立。西晋太康年间，芍陂建立了固定的岁修制度，每年维修芍陂，往往动用数万人，百姓出钱出力，却贫困失业，由于司马氏反对屯田制，周边豪强开始大肆占领兼并土地，但是随后很快因为南北朝割据战争的影响，芍陂又久失治理，灌溉面积也逐渐缩小，直至刘裕结束东晋的统治。

东晋初年，晋后军将军应詹提议在江淮地区大力开展屯田活动，特别是寿春"一方都会，去此（中州）不远，宜选都督有文武经略者，远以振河洛之形势，近以为徐豫之藩镇，绥集流散，使人有攸依，专委农功，令事有所局。"① 提出以寿春为基地，大兴屯田以积蓄力量，然后直捣河洛的计划。殷浩于永和八年（公元 352 年）率军自寿春北伐，开江西峰田千顷以为军食②。义熙十二年（公元 416 年），刘裕伐后秦，遣毛修之修芍陂，起田数千顷③。公元 430 年，刘裕的侄子长沙王刘义欣任豫州刺史，镇守寿阳，看到芍陂不仅"堤堨久坏，秋夏常苦旱"，引淠水入陂的旧沟也被杂树乱草堵塞，水源枯竭，"义欣遣谘议参军殷肃循行修理，有旧沟引淠水入陂，不治积久，树木榛塞；肃伐木开榛，水得通注，旱患由是得除。"刘义欣不仅对水源加以疏通，还对霸占陂田的豪吏给予打击，芍陂得以恢复，其灌溉作用大大促进了淮南地区的农业生产。因此，从西晋平吴至刘宋元嘉末年，虽然内忧外患不断，但由于淮南的重要农业基础，政府还是相当重视，农业虽为战争所扰，但仍有缓慢恢复和发展。

从刘宋元嘉末年到陈末的一百多年间，江淮成为南北方交战之地，人口大量流失，经济也因为战争遭到极大破坏，大型水利

---

① 《晋书》卷 26《食货志》。
② 《晋书》卷 77《殷浩传》。
③ 《宋书》卷 48《毛修之传》。

工程几近荒废。《南齐书》记载，南齐时期，由于北魏不断南侵，地处南北战争烽火频发的寿阳一带，因为连年战乱，芍陂处于连年失修、堤埂崩坏的状态："比年以来，无月不战，……淮南旧田，触目所极，陂堨不修，咸成茅草。……近废良畴……可为嗟叹。"

总体来说，这一时期芍陂虽建立了比较稳定的岁修制度，其间也经历过几次效果明显的整治，但由于国内南北割据、战乱不断，芍陂长期处于连年失修、堤埂崩坏的状态，灌溉效益总体降低。

第三节　隋唐宋时期：工程体系完善与水利区形成

隋唐宋时期，芍陂工程体系逐渐完善，隋代对芍陂进行了大型的改造，芍陂从最初的 5 个灌溉口门增建为 36 个，灌溉面积和灌溉渠道都逐步增加，灌溉面积在唐宋时期达到顶峰，宋代得到持续维修。这一区域由于芍陂的灌溉效益，形成了经济繁荣的重要水利区。此外，隋代以后，安丰县迁于芍陂西北堤处，人们取"安丰"的吉祥之意，此后，芍陂又多被称为"安丰塘"，延续至今。

一、隋朝：关键性工程完善

（一）增建三十六水门

隋朝统一北方之后，开皇九年，隋文帝杨坚出兵江南灭了陈朝。公元 590 年左右，隋朝寿州总管长史赵轨对芍陂水利工程进行了一次大的改造，由孙叔敖初建时的"五门"增为"三十六门"，"芍陂旧有五门堰，芜秽不修。轨于是劝课人吏，更开三十六门，灌田五千余顷，人赖其利。"但是关于三十六门的详细资料并不多见，公元 1024 年，宋祁《寿州风俗记》提到芍陂"窦堤为三十六门，均出与入，各有后先。"明代嘉靖二十九年（公元1550年）编修的《寿州志》，记载了芍陂三十六门的具体名称和流经地点。其中就有"井字门""大香门""小香门"，因此可以看出隋代所开的三十六门是在春秋以来芍陂五门基础上所做的继承和发扬。这一次修治之后，芍陂的水利作用持续较长，直到唐肃宗时期，中间150余年间，未见史籍有整修芍陂的记载。

（二）"安丰塘"得名

自隋代以后，芍陂又多被称为"安丰塘"，这一称呼多与安丰县（郡）的行政建制沿革与地理位置迁移有关系。

在淮南历史上，"安丰县"至少在秦代已经设县。西汉初期，安丰县属淮南国，曾是英布、刘邦长子刘长的封地，当时淮南国领地包括九江、衡山、庐江、豫章等郡，安丰县属于衡山郡。据《汉书·地理志》记载，公元前121年，汉武帝改衡山郡为六安国，隶属扬州刺史部，统领六县、蓼县、安丰、安风、阳泉五县，安丰县位置在今河南省固始县东南，古决水（今史河）附近，此时芍陂所在的寿春县属于九江郡（见图2-4）。东汉，扬州刺史部治所在历阳（今

图2-4 西汉安丰县和芍陂位置

（选自《中国历史地理图集》）

图 2-5　东汉安丰县和芍陂位置
（选自《中国历史地理图集》）

安徽和县），东汉末年又移治寿春（今安徽寿县）、合肥（今安徽合肥西北），辖地等同于西汉旧制，所辖郡有6个，安丰县属于其中的庐江郡（见图2-5），此时寿县附近属于九江郡。三国魏黄初元年（公元220年）置安丰郡，辖松滋、阳泉、安风、蓼四县，治所在安风县（今安徽霍邱县西南）。而安丰县此时仍属庐江郡，《水经注》载，卷三十经文："（淮水）又东过庐江安丰县东北，决水从北往来注之。"《水经注》卷四十经文："大别山在庐江安丰县西南"，则安丰县此时属庐江郡。曹魏景元三年（公元262年）时，安丰郡已并入庐江郡，所属4县也并入庐江郡。

西晋武帝（公元266—290年）时期，安丰郡复置。《晋书·地理志》载："安丰郡，魏置。"而《宋志》载："安丰县名……晋武帝立为安丰郡"，《宋书》载卷二十九《符瑞下》："晋武帝咸宁元年四月丁巳，白雉见安丰松滋"，可见安丰郡复置至少当在晋武帝咸宁元年（公元275年）之前，统安风、零娄、安丰、蓼、松滋5县。

东晋时豫州治所在寿阳（今安徽寿县），据《宋书·州郡志》

载，弋阳太守条："安丰令，旧郡，晋安帝并为县。"因此安丰郡在东晋末年废郡并县。安丰县改隶弋阳郡，弋阳郡辖弋阳、轪、期思、安丰、松滋5县。此时安丰县仍旧在河南固始县东南处。

南朝宋时期，安丰县属于豫州弋阳郡（公元459—465年属于南豫州），县址在今固始县境内。"安丰隶豫州安丰郡，后并郡为县，属弋阳郡"①末，再次复立安丰郡，领安丰、松滋二实县，治所安丰县，在今霍邱县西南，原弋阳郡的安丰县似废。齐初移松滋县于北新蔡郡，永明八年（公元490年）前复来属。又置新化、扶阳二县。永元元年（公元499年）前，边城郡废，并入安丰郡，其所属雩娄、史水、开化、边城四县同时并入，安丰郡乃领实县八。《南齐书》载，卷五十七《魏虏传》中提及永元二年（公元500年），"虏既得淮南，其夏，遣伪冠军将军南豫州刺史席法友攻北新蔡、安丰二郡太守胡景略于建安城，死者万余人，百余日，朝廷无救，城陷，虏执景略以归"。《资治通鉴》系此事于永元二年三月，则安丰郡失陷于此时，所属诸县随之而没。

南朝梁天监元年（公元502年）置安丰郡，《太平寰宇记》载，卷一二九《淮南道七》寿州霍邱县："古安丰州，在县西南一十三里，北临淮。……梁天监元年移此县于霍邱戍城东北置安丰，至大同元年又改为安丰州，此城遂废。"大同元年（公元535年）又改安丰郡为安丰州，迁至今霍邱南40里处，此地为州治。《太平寰宇记》载，卷一二九《霍邱县》"废安丰州"条，在县南四十里射鸪村。""大同元年徙旧安丰郡于此置州"。北齐天

---

① 《宋书·义昌郡》。

保七年（公元536年），迁至今霍邱东南38里处，废州为县。据同卷"废安丰县、废安丰州"条，此地本名无期村，大概是因与原安丰州距离不远，所以原州治的射鹄村就一并搬至此处。

隋代成立以后，合并郡县，安丰复降为县，属于淮南郡，"开皇三年移就芍陂下"[①]治今址（现在位于安丰塘西侧北端，现为安丰塘镇政府所在地）。此地原为晋安帝义熙十二年（公元416年）所置的陈留郡浚仪县地，隋开皇三年（公元583年）废置以后，安丰县迁于此地，城外的芍陂也因此被称为安丰塘。此后，安丰县一直位于此地。南宋绍兴十二年（公元1142年），安丰县升为郡，辖六安、霍邱和寿春3县，二十年后（公元1162年），寿春升府，安丰军改隶其下，设有安丰县。乾道三年（公元1167年），寿春府被罢，安丰郡改治寿春县后，安丰一词开始在今安徽寿县和安丰故城两地同用。元代安丰军升路，明代朱元璋时期改称安丰路为寿春府，明洪武年间，废安丰县为乡，县制历史结束，此后该城逐渐荒废（表2-1、图2-6）。

表2-1　　　　　　　　唐代以前安丰县（郡）建制一览表

朝代	建制		安丰县位置	备注	文献
郡（国）	县				
秦		安丰县			
西汉	淮南国、衡山国、六安国	安丰县	今固始县东南		《汉书·地理志》
东汉	庐江郡	安丰县	今固始县东南		《汉书·地理志》

① 《太平寰宇记》。

朝代	郡（国）	建制 县	安丰县位置	备注	文献
三国 公元221—239年	庐江郡	安丰县	今固始县东南		《水经注》
三国 公元221—239年	安丰郡	松滋、阳泉、安风、蓼4县		治所在安风县，今霍邱县西南	
三国 公元262年	庐江郡	安丰县	今固始县东南	安丰郡已并入庐江郡，所属4县也并入庐江郡	
西晋 公元266—275年前	扬州庐江郡	安丰县	今固始县东南		《晋书·地理志》《宋书·州郡志》
西晋 公元275—316年	豫州安丰郡	安丰郡		安丰郡治所安丰县（今霍邱县西南）	
东晋末年（晋安帝时）	弋阳郡	安丰县	今固始县东南	原安丰郡废	《宋书·州郡志》
南朝宋末（公元478年左右）	安丰郡	安丰县	今安徽霍邱县西南13里		《宋书·义昌郡》《南齐书·州郡志》
齐 公元500年				安丰郡、安丰县失守，废	《太平寰宇记》
梁 公元502年	安丰郡	安丰县（郡县治所）	今霍邱戍城东北		《太平寰宇记》
梁 公元535年	安丰州		今霍邱南40里处		
北齐 公元556年	楚州	安丰县	今霍邱东南38里处		《太平寰宇记》
隋 公元593年	淮南郡	安丰县	今安徽寿县安丰塘镇		《隋书·地理志》

第二章 芍陂历史沿革

续表

朝代 郡（国）	建制		安丰县位置	备注	文献
	县				
唐	寿州	安丰县	今安徽寿县安丰塘镇		《旧唐书·地理志》《新唐书·地理志》

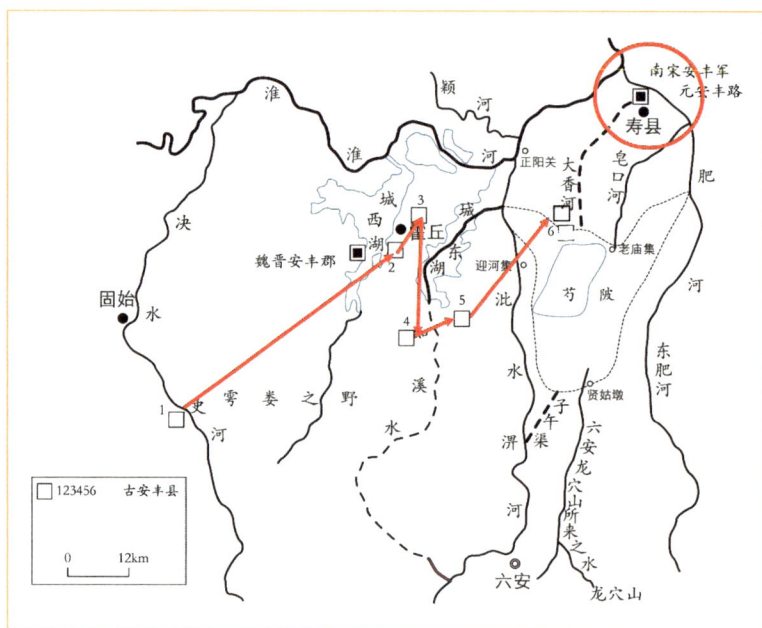

图 2-6　安丰县（郡）地理位置变迁图

（1 为秦至刘宋末年安丰县址，2 为刘宋末年至梁天监元年安丰县位置，3 为梁天监元年置大同元年安丰县址，4 为大同元年至北齐天保元年安丰县址，5 为北齐天保七年至隋开皇三年安丰县址，6 为隋代以后安丰县址。）

　　有学者认为安丰塘得名于东晋时期，与东晋在安丰塘附近侨置安丰县有关，但经过考证，东晋确实侨置有安丰县，但并非在寿县和芍陂附近。

　　上面提到三国魏黄初元年（公元 220 年）最初在淮南地区置

安丰郡。安丰郡初置至西晋时期，统辖安风、阳泉、蓼、松滋四县，治所在今霍邱西南的安风县，松滋县在今霍邱东南。当时安丰县属于庐江郡，在今河南固始境内。

东晋自从永嘉之乱后，大量人口为避战乱从中原南迁，为招抚流民，维护政治经济利益，晋元帝乃置侨州郡县。"侨州郡县，是指某州某郡某县的实有领地陷没，而政府仍保留其政区名称，寄寓他州他郡他县，并且设官施政，统辖民户"，是东晋南朝地方政区设置的特殊现象。《辞海》中"侨州郡县"条首句云："东晋、南朝时在其管辖地区内用北方地名设立的郡县。"安徽处于南北过渡带，既有北方迁来的流民，本地人也往南迁移，侨置郡县的情况比较常见。

东晋时期，在武昌郡寻阳县（今江西九江市）附近侨置有安丰县。在此之前，此地也曾有安丰县之名。《宋书·州郡志》江州"寻阳太守"条称："寻阳本县名，因水名县，水南注江。二汉属庐江，吴立蕲春郡，寻阳县属焉。晋武帝太康元年，省蕲春郡，以寻阳属武昌，改蕲春之安丰为高陵及邾县，皆属武昌。"因此，三国吴时曾有安丰县，和寻阳县同属蕲春郡，及晋太康元年平吴后，因全国有 2 个安丰县，就改安丰县为高陵县，归武昌郡，不再称安丰（见图 2-7）。

《晋书·地理志下》载，扬州条说：晋成帝（公元 321—342 年）"于寻阳侨置松滋郡"。《宋书·州郡志二》载，"安丰太守条"说"江左侨立安丰郡"。寻阳太守"松滋伯相"条亦称"江左流民寓寻阳，侨立安丰、松滋二郡，遥隶扬州，安帝（公元 382—419 年）省为松滋县。寻阳又有弘农县流寓。（宋）文帝元嘉十八年，省并松滋"。可见，东晋时期，安丰侨郡在寻阳界内，并于东晋安帝义熙土断时与松滋侨郡一起省为松滋县。寻阳县本在江北，此县两汉属于庐江郡，吴属蕲春郡，晋初一度改属武昌郡，后来又改属庐江郡。到南朝宋时，考《宋志》，安丰有三："其隶弋阳郡者为魏安丰郡，晋安帝所省，宋因之。隶安丰者为宋末所重立，故以还属。惟隶寻阳者为侨县。"而此处之寻阳，当指寻阳县。南朝宋安丰县属于弋阳郡，在今固始县界，宋末又在今霍邱县西南成立新安丰县，原安丰县似废。"惟隶寻阳者为侨县"，为远在今九江附近的安丰侨郡，"县"似为"郡"误。

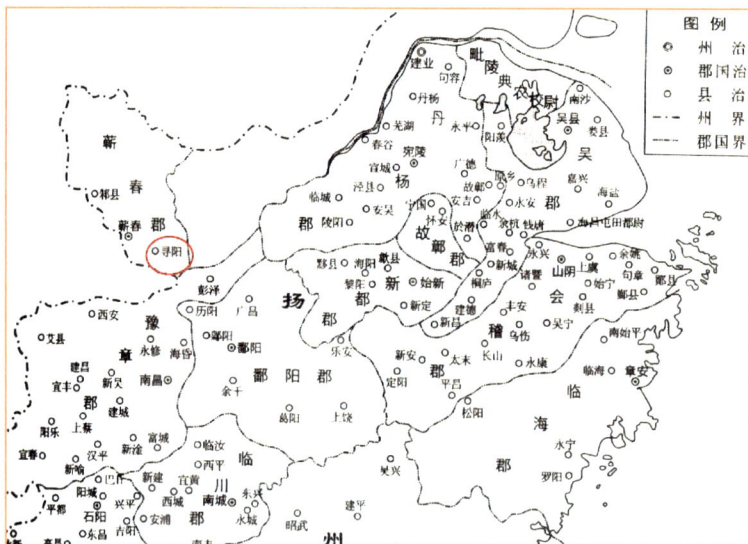

图 2-7　永安五年（公元 262 年）三国孙吴扬州政区蕲春郡位置

由此可见，东晋时期，曾侨置有安丰郡，但位置在今江西九江附近，与寿县芍陂相隔较远，并非安丰塘得名的真正原因。安丰塘得名于隋代，因安丰县迁址于今芍陂西北口，又取其"安丰"之美好寓意，安丰塘之名渐渐传播开来。

二、唐代：灌溉面积高峰

唐代安史之乱之后，唐朝的赋税收入全依赖东南，所谓"赋之所出，江淮居多""江淮田一善熟，则旁资数道，故天下大计，仰于东南。"兴元元年（公元784年）十月，唐德宗下诏："江淮之间，连岁丰稔，迫于供赋，颇亦伤农。收其有余，济彼不足，宜令度支于淮南浙江东西道加价和籴三五十万石。"这里足以可见，江淮之间在唐朝的经济地位已可与江浙地区同等重要。唐肃宗上元年间，"于寿州置芍陂屯，厥田沃壤，大获其利。"广德二年（公元764年），宰相元载曾在安丰塘下开永乐渠，灌溉高原田。芍陂得到短暂的发展时机，灌溉面积曾达到万顷。据《旧唐书》《新唐书》的地理志和《元和郡县图志》，唐代寿州在贞观十三年（公元639年）有2996户，开元二十八年（公元740年）有20776户，天宝十一年（公元752年）达到35581户。唐代由于经济重心逐渐南移，淮河流域人口增长，粮食需求增大，必然推动农业发展，水利灌溉得到重视。

五代十国时期，不断战乱，芍陂又处于无人治理、逐步淤积的境地。

三、宋代：芍陂荒废与修治

宋仁宗年间（公元1023—1063年），淮南地区遭遇旱灾，导致灾荒、疾病，许多民众流离失所，安丰知县张旨疏浚淠河，疏通与芍陂相通的支流水道，修建水门，修治堤防，"大募富民输粟，以给饿者。既而浚淠河三十里，疏泄支流注芍陂，为斗门，溉田数万顷，外筑堤以备水患。"这一系列措施，既引水入陂，

疏通水源，又疏泄水道，提高了芍陂的排水能力，恢复并增强了芍陂的灌溉作用。与张旨同时为治理芍陂作出贡献的还有寿州知州李若谷。李若谷在寿州任给事中仅有七八个月的时间，作为张旨的上司，对张旨惩治不法豪绅占陂为田、破坏水利的行径，给予了极大支持，上下联动有力地推动了芍陂的治理与管理。之后十年左右，庆历二年（公元1042年），宋祁上《乞开治淠河疏》，指出芍陂"今年多被泥沙淤淀，陂池地渐高，蓄水转少"，楚人张公仪于皇祐三年（公元1051年）出任安丰县令，在皇祐三年至皇祐五年之间，组织力量修治芍陂，延续了张旨治理芍陂的功绩。因此，皇祐四年（公元1052年），舒州通判王安石去桐乡赈灾，路过芍陂，看到在桐乡"市有弃恶婴""百世无一盈"的饥荒下，芍陂附近人民还能过上较为富足的生活，因此写下"桐乡赈廪得周旋，芍水修陂道路传。日想偻功追往事，心知为政自当年。鲂鱼鳞鳞归城市，粳稻纷纷载酒船。楚相祠堂仍好在，胜游思为子留篇"的诗句。宋熙宁九年正月（公元1076年），"刘瑾言：'……寿州安丰县芍陂等，可兴置，欲令逐路转运司选官覆按。'从之。"但具体是否实施，无据可考。南宋末年，寿州成为南宋的边境地带，故道逐渐被湮没。北宋时期一度兴旺起来的芍陂，又濒于湮废。

这一时期，芍陂工程体系逐渐完善，最重要的是隋代三十六水门开建，扩大了水渠长度和灌溉面积，灌田五千余顷，至唐代芍陂的灌溉面积较之前代更有所恢复，有灌田万顷的记录，宋代更是得以延续。三十六门一直延续到清代，后来又演变为二十八门，时至今日，芍陂的一些水门都是在古代三十六门基础上整修或者重建的，可见赵轨开三十六门的重要性。

第四节　元明清时期：占垦背景下的芍陂兴衰

元明清时期，淮南地区人口逐渐增多，土地利用率渐趋饱和，土地和人口的矛盾逐渐加剧，芍陂面临着屡屡被占垦的危险。在这一过程中，环塘居民与恶霸豪强之间占垦与反占垦的博弈愈演愈烈，正是因为这种锲而不舍的斗争，再加上地方良吏的支持，芍陂陂塘才得以保存。

一、元代屯田制度与芍陂发展

元代芍陂，没有关于大修大治的历史文献记录，但是从元代推行的屯田制度可知芍陂在元代发挥着重要的作用。

元代的屯田制度超过历史上的任何一个时期，对整个国家政治经济社会发展中十分重要，屯田位置也十分广泛。《元史·兵志》称"和林……，则因地之宜而肇为之，亦未尝遗其利焉。至于云南、八番、海南、海北，虽非屯田之所，而以为蛮夷腹心之地，则又因制兵屯旅以控扼之"。《元史·兵志》称元世祖忽必烈时期，"用兵征讨，遇坚城大敌，则必立屯田以守之。海内既一，于是内而各卫，外而行省，皆屯田，以资军饷。……由是而天下无不可屯之兵，无不可耕之地矣。"可见，元代屯田制度是元代维持军队费用、国家稳定的重要政策。

元代初期，屯田制度主要是为解决军粮问题，效果有限，时断时续，中统四年（公元 1263 年），因寿州、颍州（今安徽阜阳）靠近南宋边境，荒地很多，忽必烈"以别的因为寿、颍二州屯田府达鲁花赤"（《元史·抄思传》），主持该地区屯田。至

047

元十六年（公元 1279 年），忽必烈完成了全国统一，而两淮地区由于长期军事战争，经济十分破败，当时朝廷官员以及江淮地方官员纷纷请奏屯垦，监察御史王恽上奏称，黄河以南，长江以北，汉水以东，因战事农业发展停滞已久，土地肥美，但是居民耕种甚是稀少。淮西宣慰使昂吉儿、江淮金省燕公楠也先后奏请在淮河南北屯田。忽必烈听取建议，令当地官员试行屯田制度，"遣数千人，即芍陂、洪泽试之"。一年后，收入颇丰："先有旨遣军二千屯田芍陂，试土之肥硗，去秋已收米二万余石，请增屯士两千人。"要求再增屯两千人。至元二十三年（公元 1286 年）七月，在试行屯田已见成效的情况下，忽必烈下诏立淮南洪泽、芍陂两处屯田。随后增派军队屯田，两处共置四万户府，屯田军士二万余人，由此淮河流域的民屯制度逐渐健全起来。至元二十四年（公元 1287 年），千户刘济"以二千人与十将之士屯田芍陂，收谷二十余万，筑堤二百二十里，建水门、水闸二十余所，以备蓄泄，渠自南塘抵正阳，凡四十余里，以通传输。"[1] 刘济死于至元二十八年（公元 1291 年），但芍陂屯田的规模却没有停下。至元三十年（公元 1293 年），元朝廷又将芍陂、洪泽两处军屯四万户合并为二万户。

与三国时期的屯田制度相似，元代的屯田也分为军屯和民屯，军屯还发展出了一种新的形式"屯田军"，与"且耕且守"的正规屯戍军不同，这是一种隶属兵籍、专务耕垦以供军饷、不需作战的屯田军。军屯军士按军事编制分别以万户、千户和百户为单位，当时芍陂和洪泽两处军屯是万户府，属于专理屯田的机构。

---

[1] 虞集：《道园学古录》卷 13《福州总管刘侯墓碑》。

芍陂屯田万户府属于正三品，为河南行省所辖，屯田军户达到了一万四千八百零八名，土地在一万顷以上。

屯田的军民，一般由朝廷提供耕种工具和谷物种子，如遇到水寒蝗等自然灾害，政府还给予减免赋税，给予救济。至元二十七年"芍陂屯田以霖雨河溢，害稼二万二千四百八十亩有奇免其租"[①]；至治元年"洪泽芍陂屯田去年旱蝗，并免田租"[②]；至治三年"芍陂屯田女真户饥，赈粮一月……芍陂屯田旱，并赈之。至顺元年……芍陂屯田饥，赈粮二月"[③]由此可见，朝廷对屯田十分重视，尤其是芍陂这样的万户府直接关系到政府的军饷。

元朝的屯田制度对于元朝恢复经济、发展农业生产、保障大量军事资金都起到了重要的作用。据《元史·兵志》记载，仅洪泽、芍陂两处军屯就"岁得米数十万斛"[④]《元史·食货志》还记载有时两淮屯田一年所得超过 40 万石。可见屯田制度，尤其是两淮的屯田对于国家经济恢复的重要作用。

元代中期以前，屯田制度能够推广进行，说明有足够的水利灌溉，可见芍陂的灌溉功能是能够充分发挥的，否则芍陂屯田不可能达到如此大的规模，粮食收入也不会这么充足。

元代末期，由于管理不善、地方豪强兼并再加上自然灾害频仍，淮河流域的屯田制度开始出现衰落，屯田军民负担加重，经济效益受到影响，"芍陂、洪泽等屯田为占据者，悉令输租"后来又派遣官员"括两淮地为豪民所占者"[⑤]。元末农民大起义爆发后，

---

① 《元史》卷十六《本纪第十六.世祖十三》。
② 《新元史》卷七十九《志第四十六》民国九年天津退耕堂刻本。
③ 《新元史》卷八十《志第四十七》民国九年天津退耕堂刻本。
④ 《元史·昂吉儿传》。
⑤ 《元史·成宗纪四》。

芍陂屯田也屡次提出得到重视或者要求整顿，但基本成效甚微，或者压根得不到支持，基本处于入不敷出、逐渐瘫痪的状态。屯田制度的没落，意味着芍陂这样的水利工程得不到重视，逐渐失修，这也是这是芍陂明清时期被逐渐占垦的主要端倪所在。

二、明代：占垦与反占垦

明代以后，芍陂占垦现象日益严重。永乐十二年（公元 1414 年），户部尚书邝埜征集民工修整了芍陂十六座水门，以及牛角坝、新仓铺等多处塌岸和堤岸。永乐以后，芍陂屡有兴废，到明中期，豪强权势霸占蚕食陂田的现象已经十分严重。明成化十九年（公元 1483 年），监察御史魏璋发官银一千余两修治芍陂。成化年间，奸民董元等开始占据芍陂贤姑墩以北至双门铺塘之间的土地，三十里的土地，尽被占完。嘉靖年间，知州栗永禄以退沟为界，禁止占田。但到隆庆年间（公元 1507—1572 年），彭邦等人又占据了退沟以北至沙涧铺塘之中的土地，这时知州甘来学又重新划定新沟为界，此时芍陂已被侵占过半。由于栗永禄、甘来学两位知州对占垦行为以及占塘奸民的惩罚力度不够，仅仅不断划定新的界线，未能刹住占垦之风，导致后人屡屡占垦，这是地方官吏对豪强之间的妥协和退让。万历初，顽民四十余家又占据了新沟以北的田地为私家田庐。此时，芍陂"种而田者十之七，塘而水者十之三。"万历十年（公元 1582 年），黄克缵任寿州知州，他驱逐占垦户四十余户，将所开百余顷田地恢复为水区，并且立东、西界石志之。此时塘东至老庙，西至旧县南，南至高门，北至堤埂，新沟之下周围之内仍存数十里塘面，黄克缵此举虽然没能恢复"孙公之全塘"，但是却煞住了占塘之风，使"百里"之塘，得留"半壁"，也使芍陂的灌溉效益延续到了清代（见图2-8）。

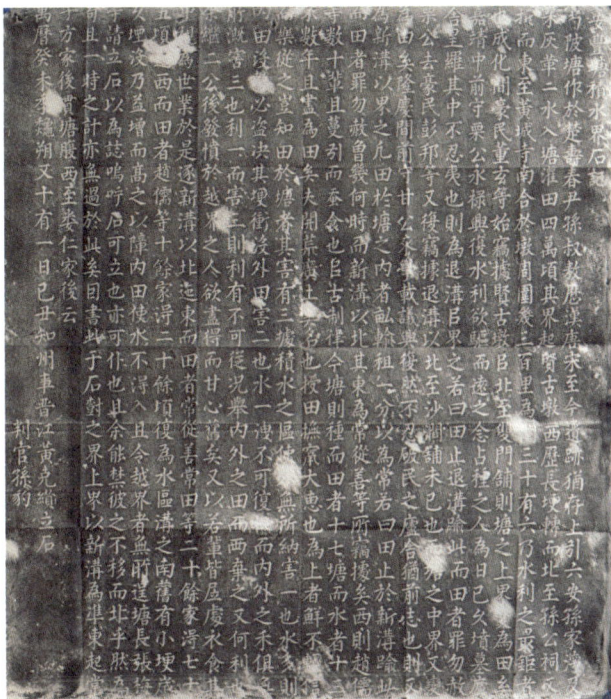

图 2-8　安丰塘积水界石记

（明代万历十年，知州黄克缵驱逐占垦农户40余户，并立东西界石，止住了芍陂占垦之风，芍陂得以保全，该碑刻为黄克缵本人记述。）

三、清代大修：减水闸和滚水坝的创设

清代顺治十年（公元1653年），兵宪沈秉公和寿县知州李大升捐出官俸，挑塘一百四十余丈，疏通河流，补修堤岸，筑新仓、枣子门二口，复浚中心沟，修理减水闸。此次修治后四十余年，芍陂又大坏，"塘不注水，鞠为茅草"，当时有豪恶八人，呈请开垦芍塘，抚台已准，环陂塘民急呈《请止开垦公呈》，讲清利害，才有效阻止了这次荒唐的行为。康熙三十年（公元1691年），颜伯珣任寿州司马，此时，芍陂"闸堤堰隳，且近灌溉之利亡焉。"

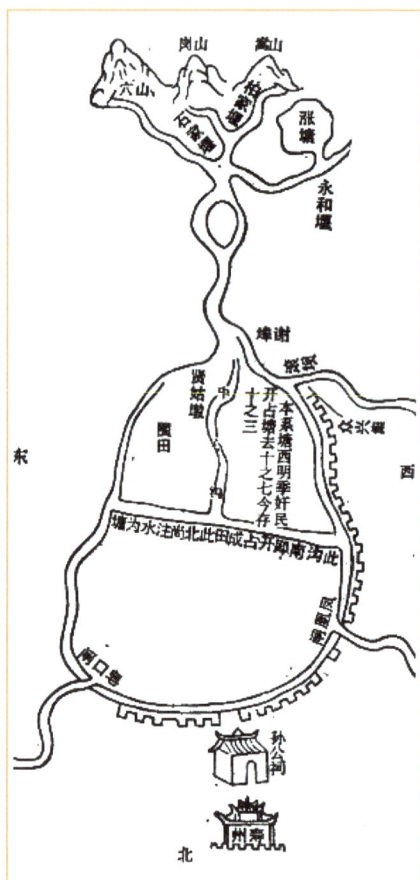

图 2-9　清代芍陂占垦情况
（图引自孙公祠拓片）

遂以复兴芍陂为己任，先后七年，殚精竭虑治理芍陂。清代雍正九年（公元 1731 年），寿县知州饶荷禧集合环塘士民的建议，创建了众兴滚水坝，修建了凤凰、皂口两闸。为了修治芍陂，陂下百姓按亩输银一千余两，可惜工程还未完工，又遭大水冲决。乾隆时期芍陂又历经多次修治，但往往多被冲决或霸占。

元明清时期的芍陂发展，主要是占垦与反占垦之间的斗争过程。芍陂逐渐被淤塞是必然现象：一是由于芍陂上游水土流失。由于大量垦殖，植被遭到破坏，一旦暴雨山洪暴发，洪水就会携带大量泥沙淤塞河床，阻塞引水渠。山水入塘后，过量的泥沙渐渐淤积垫高塘身。二是黄河夺淮也加速了芍陂的淤塞。黄河 660 多年的夺淮给淮河流域造成了深重的灾难。黄河由颍、涡入淮，对寿州一带影响更大，淠水、肥水不能下泄，芍陂泄水沟道被淤，上游供水长期停蓄塘内，泥沙全沉塘底，势必加快芍陂的淤塞。三是上游拦坝筑水。由于芍陂塘身逐渐淤高，上游来水水量逐渐减少，上游的六安豪强筑坝拦水，水源得不到保证，致使塘底出露，为周围豪强垦占塘面创造了有利条件。一面是不断被占垦，一面是积极反占垦，在这一过程中，催生了民间广泛参与芍陂管理的管理制度。但是由于芍陂上游的水源不能保证、引水渠得不到有效的疏浚，占垦问题势必不能得到根本解决。

第五节　20 世纪以来的芍陂

20 世纪初期，芍陂年久失修，几近淤塞。至 1928 年，安丰塘灌溉面积仅有六七万亩。20 世纪 30 年代以来，先后数次尝试对芍陂进行整修，并采取了现代查勘测量技术手段，但因为种种原因，收效甚微，仅使芍陂得以保存。1949 年以后，国家加强了对芍陂的修治，1958 年，芍陂被纳入淠史杭灌区的反调节水库，得以持续发挥效益。

一、1920—1949 年：现代查勘测量技术运用与修治

清末至 20 世纪 20 年代，政局动荡，战火连年，芍陂多年失修，淠源河淤塞，山源河水量减少，上游又屡有人筑堰拦水，安丰塘（清朝以后芍陂多称安丰塘）几近完全失效。1931 年，淮河流域发生大洪水，芍陂遭受洪水破坏，1932 年至 1935 年，四年间三次芍陂塘干，滴水不余，环塘水田不得不改种旱粮，农业受到严重亏损。1933 年 6 月，芍陂塘工委员会对塘堤进行局部整修。1935 年到 1937 年，导淮委员会和安徽省水利工程处经过测量，编制了《寿县安丰塘引淠工程计划书》。根据灌溉面积和通航能力的不同要求，设计了甲、乙两个方案。除了疏浚淠源河外，为防止淠河洪水，提出了建木厂铺防洪闸或者加长众兴滚水坝的工程计划。1935 年，按乙种方案设计的断面疏浚淠源河，仅挖了 1.4

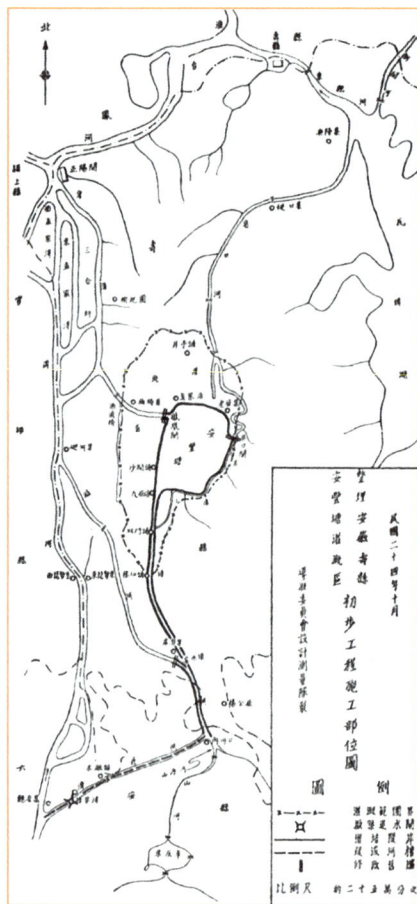

图 2-10　整理安丰塘灌溉区初步工程施工
部位图（1935 年）

万立方米土方，因导淮委员
会对工程计划提出修正而停
工。

1935 年 5 月，导淮委员
会经过勘测，编制了《安徽
寿县安丰塘灌溉工程计划书》
（见附录六），工程计划经
全国经济委员会核定和拨款。
此时，安丰塘的水源仍主要
是山源河和淠源河，山源河
本身作为南方小华诸山的山
水，水量全凭雨水多寡消长，
不能成为稳定的水源，而此
时淠源河淤塞严重，水源不
足，塘堤颓废，不足以蓄水，
于是提出整治安丰塘之方，
首在疏浚淠源河引水入渠；
次则就现有塘堤，略事培整，
使成一适当容水量之水库，
以补灌溉期内来源之不足。塘河需要增补两岸堤防阻止漫溢；为
了防洪的需求，在淠源河进水口建进水涵，以资节制，并对各出
水道的闸坝，附带修整。提出将塘堤培高到 28.5 米，相应蓄水位
28 米，最大蓄水量达到 4680 万立方米，堤顶宽 2.5 米，内坡 1：2，
外坡 1：3，估算土方 6.13 万立方米；并于民国二十五年、民国
二十六年（公元 1936 年、公元 1937 年）先后开始疏浚淠源河、

培修塘堤、修建淠源河进水涵工程，但于1937年因日军侵略而停工，这次工程虽未全部完成，但却在一定程度上修复了芍陂，灌溉面积增至20万亩。

抗日战争时期，塘工委员会被恶霸地主控制，塘务废弛，工程破败。1944年秋，寿县田粮处副处长赵同芳代表豪绅大地主利益，呈报《寿县安丰塘放垦计划书》，芍陂再次面临存亡的紧急关头。在当地有识之士和环塘居民的申诉呼吁下，芍陂得以保全。1944年10月中旬，安徽省水利工程处派胡广谦，会同寿县政府建设科查勘芍陂，发现塘西北至东北堤迎水面坍塌很严重，提出了增培计划。1945年，安徽省水利工程处提出了《查勘寿县安丰塘情形及意见报告书》，提出了开源、节流、整修闸坝，增加灌溉面积至百万亩的意见，建议恢复山源、增引肥源、扩展淠源，修建防洪工程，建进水节制闸、泄洪闸，增培塘堤及河堤，疏浚塘河、挖掘塘深，整修并增加放水涵洞，加宽并增开放水沟渠等六项工程。但因抗日战争财力、物力、人力等受到限制，工程计划未能实施。直至1949年以后，安丰塘才得以逐渐修复。

二、1950年至今：淠史杭灌区与芍陂

1949年，安丰塘工程开始修复，1951—1953年，寿县人民政府先后组织实施了填补堤防缺口，加高加宽塘堤，疏浚淠源河引水渠道，整修放水口门和闸坝等项工程。

1954年淮河流域发生大水，工程遭到洪水破坏，塘堤塌坡三分之一，口门和涵闸有的塌陷，有的内部灰缝剥蚀，穿腮渗水，井字门渡槽被洪水冲毁。

1958年，六安地区人民为了根除旱灾对皖西丘陵区的威胁，

以大别山区的 5 座大型水库为水源，开始兴建淠史杭灌溉工程，安丰塘被纳入淠史杭灌区总体规划。当年 10 月，动工开凿淠东干渠，把佛子岭、磨子潭、响洪甸 3 座大型水库发电尾水由淠河总干渠经淠东干渠引进安丰塘，从此淠源河不复存在，淠东干渠承担起引淠水入塘的任务，提高了水源保证程度。

20 世纪 60 年代，为了防御风浪对塘堤的破坏，1963 年冬至 1965 年春，在主要堤段用块石和混凝土块护坡。20 世纪 70 年代，又对淠东干渠进行整治，至 1975 年春节，全面按设计标准完成了续建整治任务，解决了安丰塘的灌溉水源和汛期排洪问题。同时，整修和改建塘堤 25 千米，堤顶高程达 30.5 ~ 31 米，堤顶宽 6 ~ 8 米，渠道建筑物也相继兴建。1958—1988 年，先后在干渠上建成 6 座进水闸、节制闸和泄水闸，以及一批桥涵配套工程，为科学调配水量和防洪安全创造了条件。1988 年，经水利部治淮委员会和安徽省水利厅批准，对安丰塘进行除险加固，并于 1989 年 4 月，按照质量标准要求完成了除险加固任务。1989 年，安丰塘蓄水位达到 29.68 米，相应库容 9012 万立方米，灌溉面积 67.4 万亩。这种灌溉效益一直延续至今。1988 年，芍陂列为全国重点文物保护单位。2015 年，芍陂先后被评为"世界灌溉工程遗产"和"中国重要农业文化遗产"（见图 2-11）。

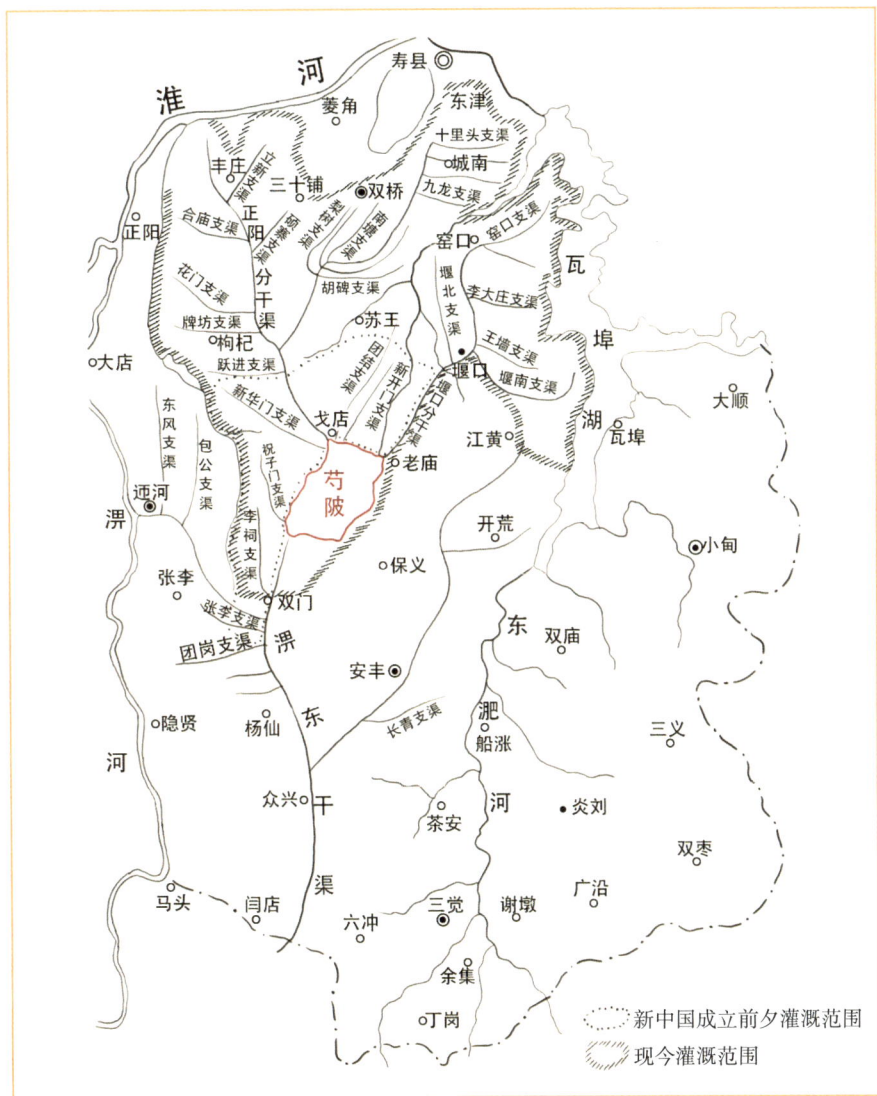

淮　河

寿县◎
菱角
东津
十里头支渠
城南
丰庄
三十铺
双桥
九龙支渠
正阳
合庙支渠
正阳
窑口
窑口支渠
瓦
花门支渠
分干渠
胡碑支渠
堰北支渠
李大庄支渠
牌坊支渠
苏王
王墙支渠
埠
枸杞
跃进支渠
堰口
堰南支渠
大店
新华门支渠
堰口分干渠
湖
大顺
东风支渠
包公支渠
戈店
老庙
江黄
瓦埠
迎河
芍陂
李祠支渠
开荒
小甸
张李
张孝支渠
双门
保义
团岗支渠
东
双庙
隐贤
杨仙
安丰◎
淝
三义
长青支渠
船涨
东
茶安
炎刘
双枣
众兴
干
河
广沿
马头
闫店
渠
六冲
三觉◎
谢墩

余集

丁岗

⋯⋯ 新中国成立前夕灌溉范围
〰〰 现今灌溉范围

图 2-11　20 世纪 80 年代芍陂灌溉范围图

第三章　芍陂经营

　　芍陂能够持续运营 2600 余年，至今仍在发挥重要作用，得益于其科学有效的管理制度。芍陂是国家政府主持修建的大型公共工程，工程和灌溉管理则由政府和民间共同参与。历代政府均负责组织陂塘、水门和骨干渠道的修建和维护，制定规章。西汉汉武帝时期，设立了专门管理芍陂的陂官。考古挖掘出了东汉时期都水官的铁权，象征着地方政府行使芍陂管理的权威。东汉王朝著名的水利家王景治理芍陂，制定了岁修制度，并立碑公告。晋代时期建有完备的岁修制度，一直延续至明清，清代芍陂的用水、岁修及经费管理制度更是进一步完善，灌区用水户订立的《新议条约》，在维护基层灌溉秩序方面起到重要作用。目前芍陂的管理机构为寿县水务局安丰塘分局，日常管理维护费用为财政支付。

第一节　管理机制沿革

一、西汉：陂官设立

　　早在西汉时期，芍陂就设有陂官，《汉书·地理志》提到"九江郡，秦置。高帝四年，更名淮南国。武帝元狩元年，复故。有陂官、湖官。"当时淮南国下辖十五县中，只有寿春记载有比较大的陂塘，因此可推测陂官为管理芍陂的官员。宋祁于宋庆历二年（公元1042年）撰著《寿州风俗记》曾指明"寿州，……其大陂为芍，古尝溉百万亩，淠水注焉，汉置陂官。"东汉设有都水官，1959年，在芍陂东北角出土的东汉时期的堰坝工程遗存中，发现有大批铁工具（铁锄、铁犁铧残片、铁斧等）、铜工具、陶器等，其中最重要的是有"都水官"铁权（见图3-1），是这一时期芍陂已有专门的陂官管理的物证，与西汉时期芍陂已设置有陂官的推断相印证。

▶ 高13.5厘米、直径8.5厘米、重5.2千克。圆柱体，腰部平起一箍，宽度为锤体的三分之一，上有穿透锤体的方孔，用以安装把柄。锤体一侧自上而下隶书铸铭"都水官"三字。"都水"为治水机构，西汉初太常、大司农、少府、水衡都尉和三辅等中央机构均设都水官，东汉时转归州郡统辖。《后汉书·百官志》："其郡有盐官、铁官、工官、都水官者，随事广狭置令、长及丞，……有水池及渔利多者置水官，主平水收渔税。"1955年安徽寿县安丰塘古坝遗址出土，现藏安徽省博物馆。

图3-1　东汉"都水官"铁权（铁锤）

二、西晋至宋代：岁修制度形成与官府修治

西晋时期，芍陂已经形成固定的岁修制度，据《晋书·刘颂传》记载，"旧修芍陂，年用数万人，豪强兼并，孤贫失业。"可见这一时期，已经每年发动数万人维修芍陂，但是由于豪强趁机兼

并土地，孤弱贫困的人失去土地，严重影响了芍陂的维修质量及其灌溉效益的发挥。太康中（公元280—289年），刘颂为淮南相，对豪强肆意兼并加以抑制，"使大小戮力，计功受分"，让大家一起努力，按照功劳分配土地，从而延续了维修制度，避免了芍陂衰退，得到百姓的赞颂。因此，东晋人说"龙泉之陂，良畴万质"，说明当时芍陂的灌溉效益是相当大的，这与岁修制度的坚持，无疑是分不开的。

从西晋至宋元时期，芍陂的大型修治、管理、用水、护塘、祭祀基本都是在官府主持下进行的，从知州到县令，地方官重视，芍陂就会得到更好修治和管理，从而能够充分发挥灌溉效。宋代明道年间，芍陂已有被占垦的迹象，安丰县令张旨修治芍陂时，豪右多趁夏天雨水冲溢将陂田占为己有，寿州知州李若谷"摘冒占田者逐之，每决，辄调濒陂诸豪，使塞堤，盗决乃止。"[1] 严厉惩治了这些不法豪右占陂为田、破坏水利的行为。当地县令以修陂为己任，其上级知州严惩恶霸行为，上下官吏一体，可见芍陂管理的严格和受到的重视程度。

三、明清：官府和民间各司其职

明清两代以前，芍陂的工程管理主要是在前人基础上进行修治和利用，而修治也主要是疏浚水源和增补堤坝，除了隋代赵轨开了三十六门之外，芍陂工程上基本没有大的变化，相对较为成熟的管理制度尚未形成。

明清之后，芍陂被占垦日益严重，明清历代寿州官员虽然意

---

① 《宋史》卷291《李若谷传》。

识到了占垦的严重后果，制定了较为严格的规章制度，但具体到执行上，对占垦者的惩治手段还是相对较为温和。清代颜伯珣之后，芍陂塘埂又多被开占，许多埂堤被挑平播种成田，自盖房屋，私栽树木，环塘比比皆是。官府本应严惩，但考虑到"乡愚亦可矜宥"，于是"宽其以往，严禁将来"。对于堤外私自占田者，要求恢复堤埂旧制，已成地者，要追入公，以备公用。塘内私自占为田地者，在追入公的同时，丈明亩数，并把这些田地招佃收租，如果原占有人愿意租种，可以允许佃种。这种做法从民生的角度，在一定程度上制止了占塘为地的做法，但也正是因为惩罚不够严厉，造成了清代末年陂塘屡屡被占、屡禁不绝的情况。

清代以后，芍陂形成了在官府扶持下，以地方官为领导，乡绅、衿士、义民提议、辅助、监督，董事、塘长、门头、闸夫、夫役等具体参与的官民结合的管理组织。《芍陂纪事》里提到芍陂"有水门三十六，门各有名，有滚坝一，有石闸二，有杀水闸四，有溉水桥一，有圳有堨，有堰有圩。时其启闭盈缩，有义民，有塘长门头，有闸夫。"地方官主要包括监察御史、兵宪、州刺史、知州、州佐等。明清历次修治芍陂，一般是当地义民或者乡绅衿士提议，在寿州知州等官员的大力支持下开始的。在具体的修治过程中，义民、衿士会辅助地方官员指挥、督促役工。而在更为具体的执行过程中，则是芍陂的董事、塘长、门头、闸夫、夫役以及广大劳动人民来实施。

董事。由乡绅充任，负责议定工程维修，监督执行各项塘规。清嘉庆以前，芍陂"董事之名由来已久，向无定制，亦无专责"。一般设有数名，据《芍陂纪事》记载：董事"兼司水利，上劳官府；该管埂堤，下劳塘长；谨守门闸，分劳门头；趋事赴功，众劳夫役；

在官差遣，兼劳胥吏；但官与民，势分相隔；联络上下，全恃绅衿。"董事多由乡绅担任，在每年春初由州长在环塘居民中遴选，发给剖符，每年春秋两季召开董事例会，遇有重大事项，先由董事议定，或呈官府批准，分头监督塘长执行。"谕令塘长诸凡公事先和二人妥议公办，须官办者二人启请。倘遇大工，先令塘长简邀大众会议同办，然后请官。更遇急工，即带塘长先临处所，相度机宜，酌量赶办，然后知会大众。"在《孙公祠新入祀田碑记》中记载了清道光年间芍陂董事设有二人，由许廷华、江善长担任。到光绪年间，则设有 16 名董事，分管 6 个片段。董事的责任十分重大，如果碰到大水，董事要调集塘长，监督居民，昼夜巡查，以防疏漏。如果有所违误，也要受到惩罚，如果觉得不堪重任，将会到每年年终再次公举重选。

塘长。塘长数名，专管塘务，实行分段负责制。明万历年间知州黄克缵《安丰塘积水界石记》中即称驱逐占塘豪强后，"塘长张梅等请立石以为志"。塘长分段具体执行塘之各项具体规章制度，主要职责是工前勘察、出车戽水、督率开工、修治圩岸、挑浚河道，平时还要负责查勘隐匿土地、绘制水利图册、维护堤岸、调解各种水利纠纷等。

门夫。各水门都配有一定数量的门夫。门夫数量按各水门灌溉受益田亩数量折算分派，上田六十亩，出夫一名；中田八十亩，下田百亩，各出夫一名，注册存官。门夫数额不等，最多 91 名，最少 8 名。《芍陂纪事》中，各水门分配的门夫共有 789 名。

门头。门头从门夫中推派出来，负责某处水门的一切事宜。清代嘉庆年间，门头的职责很重要，每个水门要有一个门头，从各个水门负责的夫役中选取，一般是"各门按亩派夫十，夫之中轮拨一名，名曰门头，注册送官，轮流滚作。"负责监督查看有无"窃取土壤、毁坏塘埂、渔樵牧竖、剥削堤岸、挖掘门闸、弃水捕鱼、启闭水门、不遵限示，闸板拔置，任意抛弃等种种弊端"。由于塘长人数有限，不可能周全各个水门，因此凡遇到事故，由各门头报告给塘长，塘长再找董事商量。门头的衣食住所，都由公家统一安置，官府将所收回的占垦田亩，租给门头耕种，并收取一定的租金，再加上渔樵之用，足够维持生活。住房由公项先予以建造，再从收取的租金里扣取。门头每年还要栽种一定的树木，以备公用，这些租种的田亩和树木都会登记入册，留存官备。由于门头居住在水门旁，所以对门头、闸板等照看十分方便，同时也承担着重要的责任，如果没有尽职尽责，则租种的土地将会被收回，相反，如果守卫有功，则会添加田亩以示奖励。

环陂老百姓。当时人们认识到了陂塘管理的好坏与老百姓的生存息息相关，老百姓愿意积极参与芍陂的管理。陂边居民要负责很多事项，比如针对环塘居民养牛下塘往往导致埂堤崩塌的情况，要求沿陂居民负责指出牛主的人数，并监督牛主于每年春天农隙之际，每户出一人，垫培牛路，这样既保障了牛下塘的正常进行，又保障了陂塘堤埂无损。此外，允许近埂居民使用芍陂埂土，而距离堤埂较远的居民如果随意挖取堤埂之土，则要由近埂居民负责劝止，劝止无效就要告知塘长，禀官惩罚。如果近埂居民知而不报或者放任不管，或者塘长没有知情、隐而不报，一旦被官府巡视或者董事访查，都要受到惩罚，甚至"予以枷责"。这些都充分表明，沿陂居民在当时芍陂的管理中起到了重要的作用。

由此，芍陂的管理在明清时期日益系统化、完善化、细致化，上至官吏，中至绅士衿士，下至夫役百姓，都积极参与进去，即《芍

陂纪事》载，说："上劳官府，该管埂堤；下劳塘长，谨守门闸；分劳门头，趋事赴功；众劳夫役，在官差使，兼劳胥吏。但官与民，势分相隔，联络上下，全恃绅衿，运筹塘务，昼夜难辞。协办公功，寒暑不避。"（图3-2）可见，整个芍陂的管理是官督民治，并且互相监督、各司其职、奖罚分明。

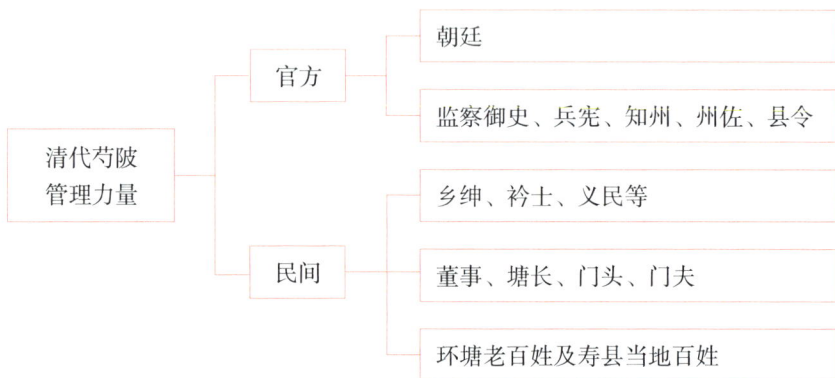

图 3-2　清代芍陂管理力量

芍陂管理的奖惩制度十分明确，有奖有惩，奖罚分明。首先惩罚方面，不仅制定有具体而严格的规定，甚至要求人们相互监督，责任相互牵连。如近埂居民对牛主和破坏堤埂人们的监督，远埂居民在用水时对近埂居民的指禀，门头没有尽职尽责，会同时追究塘长甚至董事的责任等等。在惩罚方式上，也分罚金和官刑两种，如针对塘长卖放人夫的情况，由官府明察，董事暗访，于早晚不定时点名，对查到的滑夫和塘长，实行罚金和官刑，由于金钱和受刑的双重惩罚，在一定程度上减少了卖放人夫的情况。第二，奖励方面，也分物质和名誉两方面，如上文提到门头如果尽职尽责，则会添加田亩以示奖励。但这方面的奖励较少。至于名誉方面，对于治理芍陂有功的官员或绅士，往往会有人将其列入孙公祠的祭祀牌位中，流芳百世，当然，这种名誉上的嘉奖，一般老百姓是不可能拥有的。

但是芍陂当时的管理制度仍有不健全之处，尤其是管理人员的责任心至关重要。《芍陂纪事》中就曾经指斥塘长的徇私舞弊行为，经常存在"卖放人夫"和"包折门头"等扰民行为。当时塘例是上田六十亩出夫一名，中田八十亩出夫一名，下田一百亩出夫一名，并且报官府备案。遇到需要修筑闸坝、垫培堤埂的时候，塘长和门夫就要催促各夫役，共同完成任务。但是有些塘长因此起了贪婪之心，收取一些富裕之家的费用，免除他们的出工人数，留下少数几人搪塞，这就是卖放人夫。卖夫价格根据季节有所不同，每年春初，塘内公事少，又处于农隙，价格相对便宜，如果碰到大工期，又值农忙，价格会昂贵很多。人夫卖放之后，遇到官府来查，就各种谎言借口，抑或临时找人顶替，甚至收买吏役，敷衍完事。因此有"故凡塘下有事之日，即属塘长发财之时"之说。再有就是包折门头。因门头的职责重大而且公项烦琐，还经常需要修补门墙、置买椿草，花费甚多，门头常常入不敷出，在经济上日益亏损，于是塘长又由此生出私心：与其让门头既劳心劳力又费财，不如只"财伤而身逸"，门头只需将全年所需费用，都折算给塘长，就可不必管门上的杂事。又因门头系轮流承担，塘长就这样轮流敲诈，中饱私囊。而水门上的事务，要么找附近居民顶替，或者找无夫之田、偷水之户、有私交者应付了事，这样的后果可想而知，水门缺乏细致的监管和日常维修，一旦遇到大水冲决，不仅危及水门、埂堤，甚至沿塘居民的安全都不能保证。

四、20 世纪以来：管理机构的变迁

20 世纪初期，芍陂管理组织仍遵循清代旧制。从 1925 年开始，先后成立了塘民大会、水利公所、安丰塘工委员会，1925 年 5 月 18 日，芍陂农户举行首次塘民大会，通过了成立管理组织、实行分段管理为主要内容的表决案。1931 年，依据《安丰塘水利公约》的规定，由塘民大会选举产生了安丰塘水利公所。水利公所由执行委员 12 人，监察委员 3 人，书记兼会计 1 人，共 16 人组成。所有成员经塘民选举后，报寿县县政府备案委聘。水利公所把全塘分为南、北、中三段，每段设临时性办事处，由各段执行委员和监察委员督促塘长、门头就近管理。1940 年，废水利公所，由环塘绅士组成安丰塘塘工委员会，负责用水管理及岁修。塘工委员会下设工程和总务股及工队长，由导淮委员会任命 1 人为水文监测员，按时记载和整理水文资料，上报导淮委员会。

1951 年 4 月，成立安丰塘水利委员会，为临时性管理机构，正、副主任委员和委员均为兼职干部。1953 年 5 月，成立正式安丰塘管理机构，名称仍为安丰塘水利委员会，隶属寿县水利委员会领导。寿县人民政府任命了专职领导干部，调配了 7 名专职管理人员。

1953 年，成立了安丰塘灌区管理委员会。寿县人民政府分管农业的副县长兼管理委员会主任委员。寿县水利局和安丰塘水利委员会负责人及受益区的副区长兼任副主任委员，沿塘堤公社负责人为委员。灌区内各区、乡分别成立区管理委员会和乡管理小组。安丰塘水利委员会为灌区管理委员会的常设办事机构，执行灌区管理委员会各项决议。

1956 年 3 月，安丰塘水利委员会更名为安丰塘灌溉工程管理处，

隶属寿县水利局领导。管理处在受益的 11 个乡，各派出 1 名管理处职工驻乡就近管理。至 1958 年底，管理处职工增至 20 人。

1961 年，管理处撤回派驻各乡的专管人员，实行管理处统一领导下的分段管理。是年，管理处下设十里碑、老龙窝、杨仙、老龙头 4 个管理段，职工人数增加到 54 人。1967 年，增设杨岗、老庙、木北、正南、迎河 5 个管理段。1968 年成立安丰塘灌溉工程管理处革命委员会，职工人数增加到 69 名，其中干部 43 名，工人 19 名，亦工亦农人员 7 名。

1972 年，老庙管理段改为看管点。1975 年，撤销杨仙管理段，设双门管理段，老庙看管点恢复为管理段。1976 年，取消安丰塘灌溉工程管理处革命委员会名称，改称安徽省淠史杭灌区寿县安丰塘管理处（以下简称"安丰塘管理处"），隶属寿县水利电力局，副科级单位。

1980 年，撤销管理处下属的木北管理段，成立木北管理所，隶属寿县水利电力局，副科级单位。1984 年至 1986 年，增设新庄、众兴、洪拐 3 个管理段。至 1988 年底，安丰塘管理处共辖 11 个管理段，职工总人数 86 名，其中行政干部 5 名，技术干部 12 名，工人 69 名。

五、现行水行政与灌区管理

目前，芍陂由寿县水利局下属的二级机构安丰塘灌区管理所负责，管理所机关驻在安丰塘镇，截至 2021 年底，职工 170 名，在职职工 74 名，离退休人员 96 名，现在所长 1 名，副所长 2 名，设有工程工管股、水政股、办公室、工会、7 个水利站和 9 个管理段。其中专业技术人员 23 人（高级工程师 1 人、工程师 3 人、助理工程师 8 人、员级 11 人），管理岗位 8 人，中级工以上技能人员 42 人。环塘设有 4 个管理段，专职管理技术人员 20 人，满足日常运行管理和维修养护工作的需要。

安丰塘灌区管理所为财政全额拨款事业单位。人员经费、维修养护、运行管理经费列入县年度财政预算，能及时足额到位。

第二节　管理制度

明清之后，芍陂的管理制度日益健全，主要体现在工程管理、用水管理和经费管理等方面。

一、工程管理

（一）岁修管理

西晋时期，芍陂已经形成了固定的岁修制度。清光绪五年刊印的《新议条约》中专门列有"勤岁修"条款，规定每年在农暇时期，各该管董事"必须验看需修补处，起夫修补"，使塘堤"一律整齐"，并且"亦不妨格外筑，令坚厚，不得推诿"。并且按照上田 60 亩、中田 80 亩、下田 100 亩分别出一人的比例，从环塘收益户中调征岁修劳动力。

此外，在培土、木材方面的管理，既有日常每年的惯例维护，又有临时大修，十分细致。一是广积土壤，以待培补。为了防止夏季大水尽泄无余，造成旱灾，应该在每年农隙之间、塘水快干涸之时，召集人丁挑挖塘内土，每人三方，堆在堤上，逐段预备，一旦有冲决的现象，就加上椿草，随时可堵塞决口，塘水不至于干涸，田里的禾苗也不至于干死。"堆贮堤上，逐段预备，倘有冲决，加以椿草，即时可塞，水不至涸，田禾无忧。"在没有冲决的情况下，堤岸稍微有崩塌，就可以随时培土，这样堤岸逐渐增高，冲决也会日益减少。同时，每年挑土，塘河渐深，还可以解决塘河淤浅、壅滞等问题，一举三得。木料也是主张要平时预备好，以备大水来时之用。在每年春天令埂边居民栽种树木，所种株数报官方备案，各自看守三年即可使用，用时取大留小，留存数也要备案，如果遇到大的冲决，椿橛等料不至于急缺。

20世纪初，由于种种原因，岁修时断时续，到后期处于停顿状态。1953年设立安丰塘专管机构以后，岁修常年进行。

（二）规章制度

芍陂早期的管理制度，最早见于东汉建初八年王景修治芍陂期间，《后汉书·王景传》记载王景"遂铭石刻誓，令民知常禁"，但具体内容不详，应该是约束乡民用水、保护陂体的制度。

清代夏尚忠在《芍陂纪事》中提出了许多规章制度，指出芍陂的管理要注意最重要的"五要"：一是钦崇祭典，以报本源；二是广积土壤，以待培补；三是预蓄木料，以防冲决；四是酌留余财，以备缓急。五是遴选董事，以专责成。认为芍陂的祭祀、日常维修、经费支出和人员管理等方面是管理陂塘首选之事。针对一些破坏陂塘和堤埂的现象，他还总结出安丰有"六害"，即河源阻坝、河身会坝、盗决塘埂、暴涨自决、拦门张鱣、拦沟筑坝等六种情况，并提出解决办法。针对河源阻坝的现象，要求杜绝自行在上游拦坝；在塘内张网捕鱼，将会严重阻碍流水的畅行，塘长会在每年春初出示晓谕，不遵守者将统一处置，塘长自身不尽职尽责，同样要追究责任。盗决塘埂者，更是处罚严重，"严申禁令，督责看守，遇有盗决，罪人务得。倘被逃脱，亦必根查，

勒拿严究，顽民畏法，且惧赔修。盗决之害，或可稍息。"乾隆初年，有杨姓人氏盗决塘埂，被报官，要求赔修，以致贫穷到楼房尽卖的程度，以示惩戒。为预防塘水暴涨自决，在实行责任制的同时，还进行分段治理，仍然是董事访查，由塘长派令近埂居民，昼夜巡查，不得懈怠，否则看守、近埂居民都要承担责任。对于拦沟筑坝的情况，自清代颜伯珣以来就一直让使水者遵循先远后近的规则，近者如果不遵守规则，远者可以指出来，以保证挨埂远近土地都有所灌溉，放完水之后，门头关闭，并继续上锁。但是颜伯珣之后近百年，芍陂近处居民不顾远处田地，私自灌溉，拦沟筑坝等现象十分严重，甚至发生动武受伤的现象，鉴于此，当时也曾采取过严重的警告包括使用刑法。此外，当时也对拦门张罱的诸多危害，特别是对门闸的破坏性作用有深刻的认识，并严加追究。同时他还提出"四便"：严禁使土、勒垫牛路，清理开垦和谨守水门。

清光绪三年（公元 1877 年），任兰生修治安丰塘后，订有《新议条约》共 16 条，对工程管理、塘堤和口门的维修养护、用水制度以及岁修等，作出了具体规定，并且订立了明确的奖惩制度，并且发给环塘农户，要求"家置一编，永远遵守"。

1931 年 6 月，塘民大会会议成立安丰塘水利公所，订立了《寿县芍陂塘水利规约》，并印刷成册，发至环塘农户。包括组织管理、塘务管理和使水规则三部分。工程管理的部分主要包括：1. 塘内不许捕鱼、牧牛、挑挖鱼池、牛尿池、私筑坞坑。2. 塘中罾泊阻碍通源，斗门张罱害公肥私，应随时查禁。3. 牛群及其他牲畜践踏塘堤，应责成各该牧户随时赔垫。4. 筑河拦坝，堵截水源，立即铲除。5. 斗门涵窨及车沟向有定额，有私开车沟、私添涵门者，应掘去或填平。6.侵占公地，盗使堤土，应责令退还或培补。7.赔垫塘堤，堵塞破口，须兴大工者，由环塘按夫公派；斗门毁坏或冲破，由该门使水花户修理。8.斗门尺寸均有限制，按照规定大小，不得放大。

1955年，芍陂实行专管与群管相结合的管理体制，1961年，安丰塘管理处制定了分级管理制度。1985年，安丰塘管理处于沿塘堤34个林业管理专业户签订了塘堤承包合同。1988年1月，安丰塘被定为全国重点文物保护单位，根据《中华人民共和国文物保护法》，划定了安丰塘的保护范围及建设控制地带，规定安丰塘堤基脚以外10米处为保护范围（见图3-3）。孙公祠的保护范围是，南至安丰塘，西至团结支渠埂，北至庄台下以外10米处，东至庄台下以外17.5米处。保护界线外东、南、西、北各500米以内为建设控制地带。

二、用水管理

芍陂附近的居民，形成了水利的共同体。水量充足时，所有田亩都能得到灌溉，但水量不足时，常常因为分水多少问题发生纷争，在这种情况下，为了保证农业的

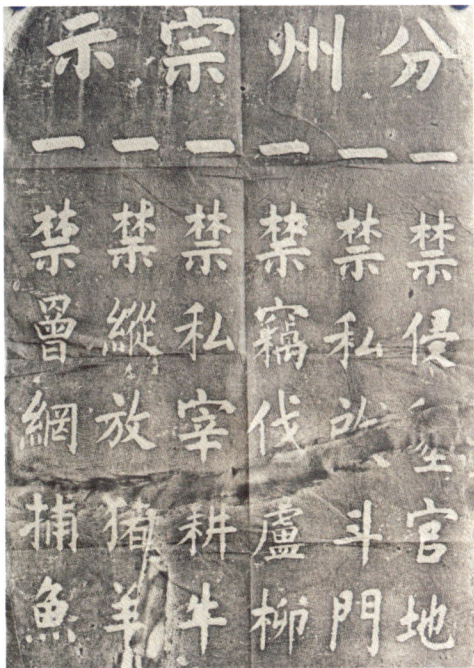

图3-3　清代芍陂禁示碑

（此碑现存孙公祠内，具体内容为：一禁侵垦官地。一禁私启斗门。一禁窃伐芦柳。一禁私宰耕牛。一禁纵放猪羊。一禁罾网捕鱼。）

收入，就会有官方力量出来制定水利规约，维护水利秩序。《后汉书·王景传》曾经记载王景治理芍陂时"曾刻石铭誓，令民知常禁。"说明三十六门放水有先后顺序。清代颜伯珣在修治芍陂期间，明确了"使水者先远后近，日车夜放"的规定，用水之时，由沿塘各水门的门头开启水门，夜间放水，次日早上水流充裕，按先远后近的规定车水灌田。水车安放要离渠道一丈余，防止堵塞水流。日间停车，夜间放水，这样循环往复，所有农田都灌溉完以后，门头再关上水门，钥匙交公。其间，塘长还派人进行沿渠巡查，防止用水不均等现象，"水到稍沟然后许远近齐车，近者不遵，许远者指禀。又令车者日落则止，水得尽夜，下注远沟，次早可满车复不竭，且令安车之沟，各缩丈余，不碍水流，上车亦可下放，如期车遍，门头禀闭，仍交锁钥。"但后来因为管理制度不够严格，颜伯珣之后，屡屡发生近者抢着车水，远者不敢过问，甚至发生"弱者吞忍，强者用武"的暴力事件。关于用水的规约，清代光绪三年（公元 1877 年）订的《新议条约》里对维护用水秩序进行了五条规定：

慎启闭：塘中有水时，各门上锁，钥匙交该管董事收存，开放时须约同知照。祝字上门、祝字下门田多水远，须先启五日，迟闭五日。并三陡门水远，须先启三日，迟闭三日。若塘水不足，临时再议，他门不得一例。各涵孔不能上锁，亦同门一例启闭，违者议罚。

均沾溉：无论水道远近，日车夜放。上流之田不得拦坝、夜间车水，致误下流用水。违者议罚。

分公私：各门行水沟内，行者为公，住者为私，不得乱争，违者议罚。

禁废弃：门启时，田水用足，即须收闭沟口。水由某田下河，该管董事究罚某家。若系上流人家开放不闭，即究罚上流人家，不得袒护。

善调停：各门使水分远近，派夫分上中下。水足时照章日车夜放，上下一律。若塘水涸时，上下势难均沾，争放必生事端，尽上不尽下，犹为有济，上下不得并争，违者议罚。

民国时期，订有"使水规则"。由于当时塘工委员会属于民间组织，遇到地主豪绅违背"使水规则"，便不能行使职权。干旱时期，地主豪绅私开斗门，拦渠打坝，垄断水源，被称为"阎王坝"，广大农民很少有灌水的机会，当时安丰塘一带传有民谣就描绘了这种情况："安丰塘水贵如油，有钱有势满田流。地主豪门鱼米香，农民只吃菜和糠。安丰塘下哪安丰？穷人讨饭走他乡。"所以，当时的使水规则大多都是一纸空文。

三、经费管理

明清以前修理芍陂的经费大多来源于国库。而明清以后，芍陂的维修经费大致有以下四种方式：

官员、绅士义捐。《芍陂纪事》中有记载：清顺治间（公元1653年），芍陂久坏口缺，寿州知州李大升修治芍陂，就"捐俸理其门闸，补其堤岸"，后来完工后报知当时的兵宪沈公，"公喜之甚，亦捐俸饰修……"嘉庆二十三年（公元1818年），"士民陈厂等捐修凤凰闸"；道光八年（公元1828年），知州朱士达"捐廉银一千两"、州同长椿"捐廉银一百五十两"，塘下绅士许廷华、

江善长等"输助"，重修芍陂。

环陂农民摊派，"按亩乐输"。雍正八年（公元1730年）饶荷禧任寿州知州期间，环陂士民公议在众兴集创建滚水坝，修凤凰、皂口两闸，此时的修陂费用由陂下百姓按亩输银一千余两，可惜工程未完工，又遭大水冲决。乾隆三十五年（公元1770年）修治芍陂时，由士民李绍伋请修，修陂费用是"按田敛资"，"近水之田一万九千八十亩，亩输银三分四厘；次去水稍远者两万三千四百亩，其数杀十之一；又次去水尤远者三万四千二百亩，其数杀十之三。凡田七万六千七百亩，银二千四百两有奇。"道光八年（公元1828年）修塘，也有"按亩课捐、贫者出力"的记录。

请帑银，即动用国库银两。乾隆二年（公元1737年），段文元任寿州知州时，又请帑银三千多两，续修众兴滚水坝及凤凰、皂口两闸。乾隆十四年（公元1749年），知州陈韶请"帑银一万三千两有奇挑浚淤塞、增筑埂堤"。

拨公款，指动用地方州、府闲款。成化十九年（公元1483年），监察御史魏璋"法官银一千两""大修堤堰，浚其上流，疏水门、甃石闸，且新孙公祠宇"。万历三年（公元1575年），知州郑充"搜括州库闲款银两籴谷千余石"，以工代赈修治芍陂。光绪三年（公元1877年），候补道任兰生拨款修芍陂塘堤、闸坝、水门及孙公祠，"制钱三千一百五十六千四百五十四文"；光绪五年（公元1879年），凤颍道任兰生又拨款重修双门，用"制钞四百九千四百文"；光绪十五年（公元1889年），巡抚陈彝拨银四千余两"浚治芍陂大土门"。

可见，修陂的经费来源并不固定，总体来说大多属于以上四种。

此外，芍陂管理所罚的款项，一般交孙公祠存放，以备塘务，"每年春秋二祭时，各董事会稽核算，以免侵渔。"

民国时期，安丰塘的管理经费由民国政府拨款支出。

四、各个时期关于芍陂的管理条例

1.《请止开垦公呈》

为恩广万姓之利，法戢八恶之奸，以仍古制，以裕国赋，以拯民命事。

窃惟一利必兴，况沛数千家之大泽；一害必除，矧绝数千家之命脉。以群力修茸之不足者，数人倾毁而有余。恫深千古，警彻万户。有不得不连袂齐呼，沥血痛诉，以仰希图回天于万一者，如芍陂大塘开垦之一事也。粤稽芍陂之制，昉自春秋楚相孙公。相势度地，筑埂成塘，周围一百余里，灌田四万余顷，薄利无涯，勒石有据。至今古柏示异，神祠昭灵。春秋享祀，岁岁不绝。是历汉、唐、宋、明以前，不敢损撮土勺水者，已数千年于兹矣。迄今忽有贪顽之徒，如请开垦某等之八人者，睹塘腴而念炽，妄生膏壤之思；惧镜照而途穷，漫撰古荒之说。只期济私而假公，何恤利一而损万。在宪天之意，以垦荒土则便民，以增公赋则益国，详请开垦，诚为国民之至意，如天如地之盛心也。凡隶编氓，谁不仰戴？但生等未以水利上陈，彼等只以古荒为说，使不深悉其情形，胪列其利害，昊天其何鉴焉？试以芍陂之不可开者一一痛陈之：

芍陂之源发自六安龙穴山，引于朱灰革，汇灌本塘。水闸有四，立门三十有六，涵孔七十有二，灌田四万余顷。是昔人之经营周匝，其古制之不可开者，一也。后恐水势冲圯，有妨水利，设立塘长、门头。每门夫一百一十七名，修理门闸，册籍班班可考。历来州夫，莫不督工监修。即宪天下车，业蒙示谕谆切，是此日之图度维新，今制之不可开者，二也。天雨时行，塘势汪洋，必多方修弥以蓄水。倘恶等开塘，恐碍伊禾，势必盗挖以泄之，则是塘下之田蓄水，反滋淹没之忧，泄水已无灌注之庆。前之所谓大利者，今反致为大害矣。是水涝之不可开者，三也。天气亢旱，来水纡徐，必多方导引以救秧。倘恶等开塘于上，必断流引绪以灌彼田，则是塘之内为膏壤，塘之外为石田，而万民束手以待毙矣。是亢旱之不可开者，四也。且斯塘之神异济物也，非徒水泽，更饶旱德。倘遇旱极塘涸，潢汗行潦之中藕荷生焉；高阜低下之地，菱荇生焉。樵者于斯，弋者于斯，渔猎者亦于斯。不但左右居民博取而延生，即远近百里靡不恃此以卒岁。倘恶等一开，鸡犬桑麻之介其中，樵牧弋渔之无其地，而民失所资矣。此大荒地利之不可开者，五也。他如开垦一起，人思兼并，或横霸丰腴之地以自益，或多踞弓口之数以自隐，全塘之势侯而丘墼，弊端难以枚举。总之，八百顷之赋利于国者锱铢，四万顷之溉利于民者亿万。八姓之有年，利于恶等者在身家；万家之无救，害于居民者之性命。权其轻重，量其大小，将有相悬于万万者。今天语高悬，诸恶奋臂，塘脉一动，全势分裂。往古之水利自此而涸，千年之血食从兹而斩。贤祠落寞于荒烟，碑碣凄凉于蔓草。志书不必有芍陂之名，红册亦徒载安丰之里。岂徒孙公抱恫于九原，而左右待泽之民亦孰不悄然悲、肃然恐、奋然而号泣也哉！伏祈仁宪先查志书，后临芍水，验孙公之遗迹，读垂裕之碑文。

亲阅门闸水道之制，面询塘长门头之夫，则八家便己自利之图，昭然可见，而万姓资水救禾之利，不问可知。准赏详复，再行申止，庶千古之美利斯长，古贤之良法斯永。万姓有仓箱之庆，国赋有裕足之资。将上而千古，下而万年，俱沾宏泽于无既矣！一字涉私，万死何辞！激切公禀。

（录自《芍陂纪事》，清嘉庆六年夏尚忠编　光绪三年刻印）

2.《新议条约》

重祠祀。春秋两季，各董事须齐集孙公祠，洁荐馨香，塘务有应行修举者，即于是日议准。

和绅董。凡使水各户，无非各绅董亲邻，各有依旁，该董事等务须和同一气，不得私相庇护，致坏塘规。

禁牧放。塘内时生水草，牧者皆求刍其中，水大时不便内放，往往赶至堤上，最易损堤。是后有在堤上牧放者，该管董事将牧畜扣留公所议罚。牧牛之场，牧人各邀有牛之户，随时修补，若有损塌，即为牧人是问。凡送牛者，宜各循牛路送至牛场；其不送至牛场即放者，有损塘堤，即罚送牛之户。牧人任牛损坏塘堤而不拦止者，即罚牧人。

慎启闭。塘中有水时，各门上锁，钥匙交该管董事收存。开放时须约同知照。祝字上门，祝字下门田多水远，须先启五日，迟闭五日。并三陡门水远，须先启三日，迟闭三日。若塘水不足，临时再议，他门不得一例。各涵孔不能上锁，亦同门一例启闭，违者议罚。

均沾溉。无论水道远近，日车夜放，上流之田不得拦坝，夜间车水，致误下流用水。违者议罚。

分公私。各门行水沟内，行者为公，住者为私，不得乱争，违者议罚。

禁废弃。门启时，田水用足，即须收闭沟口，水由某田下河，该管董事究罚某家。若系上流人家开放不闭，即究罚上流人家，不得袒护。

禁取鱼。各门塘堤内，有挑挖鱼池者，查明议罚。其现有鱼池，限半月内各自填平，违者议罚。塘河沟口如有安置坐罾拦水出进者，该管董事查知，务将罾具入公所，公同议罚。各门放水，如有门下张罱、门上安置行罾者，亦将器具入公议罚。

勤岁修。每年农暇时，各该管董事须看验宜修补处，起夫修补。即塘堤一律整齐，亦不妨格外筑令坚厚，不得推诿。

核夫数。查问章某门下若干夫，遇有公作，照旧调派，违者由各董事禀究。

护塘堤。塘水满时，该管董事分段派令，各户或用草荐，或用草索，沿堤用桩拦系，免致冲坏，违者议罚。

善调停。各门使水分远近，派分上中下，水足时照章日车夜放，上下一律。若塘水涸时，上下势难均沾，争放必生事端，尽上不尽下，犹为有济，上下不得并争，违者议罚。

凡应行议罚各款，如有不遵，公同禀官，差提究治，仍从重议罚。其有绅衿作梗者，禀官照平民倍罚。

罚出之款，交孙公祠公同存放，以备塘务之用，每年春秋二祭时，各董会集核算，以免侵渔。

祠内所存什物，不许借用，如有借用者，公同议罚。

专责成。由老庙集至戈家店，派监生江汇川、戴春荣、王永昌，廪生史崇礼经管。戈家店至五里湾，派文生陈克佐，监生陈克家经管。由五里湾至沙涧铺，派州同邹茂春，廪生周绍点，候选从九、邹庆飔经管。由沙涧铺至瓦庙店，派监生邹士雄、童生王国生经管。由瓦庙店至双门铺，派监生李兆璜、文生李同芳经管。由双门铺至众兴集，派监生黄福基、李鸿渐、王庆昌经管。该门下有梗公者，该管董事约同各董，公同议罚。

（录自《芍陂纪事》，清嘉庆六年夏尚忠编　光绪三年刻印）

3.《安丰塘、孙公祠文物保护管理条例》

根据《中华人民共和国文物保护法》规定，为了加强对文物的保护，继承我国优秀的文化遗产，进行爱国主义教育，结合安丰塘、孙公祠具体情况，制定本条例。

第一条　安丰塘堤，以及塘堤护堤地，孙公祠四周（南到安丰塘堤，西到团结支渠埂，北从庄台下宽 10 米，东西长 50 米。东从庄台下宽 17.5 米，南北长 60 米）均属文物保护范围，统由安丰塘管理处管理。

第二条　在保护范围内的塘堤埂上，孙公祠四周，禁止盖房、搭棚、搭架、摆摊、设点出售商品。

第三条　在保护范围内，禁止放牛、垦荒、葬坟、取土、私自捕捞。

第四条　在保护范围内，所有涵闸、斗门，实行专管、群管、托管后，禁止随意搬动，私开斗门，毁坏工程设施。

第五条　在保护范围内，要爱护树木、花草，严禁砍伐、攀折。

第六条　要文明参观，在保护范围内，对所有建筑物，禁止随意摸动，严禁刻划。要爱护公共卫生，不得翻爬碑亭，乱

抛纸屑，抛砖弄瓦，追打戏闹。

第七条　在保护范围内，严禁任何形式的迷信活动。

第八条　保护范围内所有文物及建筑物，人人都应该保护，发现破坏损坏行为，应劝告、批评、阻止，劝告不理，情节严重，安丰塘管理处有权上报，按《中华人民共和国文物保护法》的规定予以惩处。

一九八四年十月十二日

第四章　古代蓄水工程的典范

芍陂是古代利用自然地形、筑堤蓄水灌溉的陂塘型水利工程典范。创建者孙叔敖充分考察了当地的地形和水源条件，顺应自然法则，因势利导，将淠河和南部大别山的山溪水汇集起来，利用地势落差围埂筑塘，蓄水积而为湖用于农业灌溉，达到了变水患为水利的效果。选址科学、设计巧妙、布局合理，完美体现了尊重自然、顺应自然、融入自然的建造理念。

第一节　工程体系

芍陂灌溉工程体系目前主要由蓄水工程、环塘水门、灌排渠系及配套设施、防洪工程四大部分组成，基本保留着 19 世纪工程格局和运行方式。

一、芍陂水源考

一般认为，芍陂有三个水源：一是淠水；一是澭水，即南部山区的山溪水；一是肥水。淠水和澭水是芍陂的水源确定无疑，关于肥水是不是水源历史上有过不同的意见。

（一）淠水

淠水是芍陂的主要水源，早期文献中也叫沘水。最早关于芍陂水源的记载，是《汉书·地理志》。其中卷二十八上 "庐江郡"条下有 "沘山，沘水所出，北至寿春入芍陂。"卷二十八下"六安国"条下有 "如溪水首受沘，东北至寿春入芍陂。"沘山，在庐江郡灊县，沘水，即横贯安徽省六安境内的淠水。如溪水，是淠水的支流，即《水经注》中所说的泄水。"泄水出博安县。……泄水自县上承沘水于麻步川，西北出，历濡溪，谓之濡水也。北过芍陂西，与沘水合。"《水经注》还提到"淠水又西北迳六安县故城西，……淠水又西北分为二水，芍陂出焉。"（见图4-1）因此，淠水在六安故城北分为二水，一支入芍陂，另一支就是如溪水，由芍陂西进入淮河。淠水大致自六安城北鲍兴集从淠河主津分出，经木场铺至两河口（此段即如溪水），汇涧水达贤姑墩，后来说的子午渠（淠源河）也是在如溪水道上开挖的，因为此水在木厂铺处高，两边低洼，容易淤积，后代屡屡疏浚的淠河河道也即如溪水这一段。淠水上游流量大，水量充足，在芍陂初建时期，是芍陂的主要水源。

涧水，主要指六安城以东的山溪水的总汇，从西往东依次是望城岗、小华山、何家岗、元武墩、龙穴山，

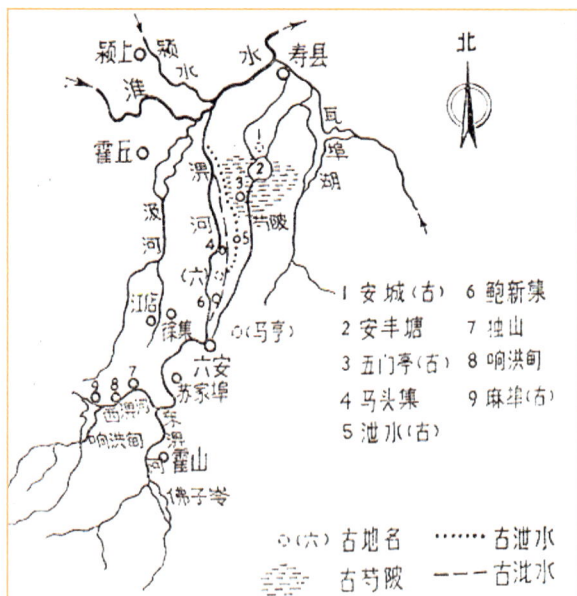

图 4-1　古泄水入芍陂示意图
（原图引自姚汉源《泄水入芍陂试释》一文）

图中图例：
1 安城（古）　6 鲍新集
2 安丰塘　　　7 独山
3 五门亭（古）8 响洪甸
4 马头集　　　9 麻埠（古）
5 泄水（古）

○（六）古地名　……古泄水
▒▒古芍陂　　---古泄水

这些山溪水汇于大桥畈，北经朱灰革（双桥集古称）于五门亭南（两河口处）与如溪水（淠源河）汇合，"陂水上承涧水于五门亭南"，北流贤姑墩入陂。涧水从大桥畈处至两河口处称山源河，共36千米，积水面积390平方千米，因受雨量影响，山源河入陂水量小于淠水。

肥水。经过考证，肥水并不是芍陂的水源。郦道元《水经注》里提到，肥水出九江成德县广阳乡西，肥水别（支）北过其县西，北入芍陂。除此之外，少有人记载肥水注入芍陂。细读《水经·肥水注》，发现肥水从成德县故城西，北往芍陂东部，又北往死虎塘东，据考证，成德县故城在寿州东南，死虎塘在寿春县东四十余里，而芍陂在寿州城西南，因此肥水实际与芍陂还有一段距离，只与芍陂东北部的井门相通，芍陂在东北口由井门泄水，由芍陂渎注入肥水。因此说肥水是芍陂的水源，多是对《水经注》的误读。实际郦道元在《水经注》中已有过明确解释，"肥水……又北迳芍陂东，又北迳死虎塘东，芍陂渎上承井门，与芍陂更相通注，故《经》言入芍陂矣"。肥水只是与井门下的芍陂渎汇合，而未入芍陂，因此也不是芍陂的水源。光绪《寿州志》中提到肥水与芍陂"水大则相挹注，水小则否"[①]，也并不能证明肥水是芍陂的水源，肥水与芍陂之间的连通还是通过芍陂渎。

清代光绪年间，淠水逐渐湮塞，肥水已失故道，只有涧水还是芍陂的主要水源（见图4-2、图4-3、表4-1）。淠水的淤塞多与上游水土流失有很大关系。淠水上游为安徽霍山西南，上游处在山区，夏季雨量集中，容易暴发山洪，也势必会造成水土流失。

---

① ［清］光绪《寿州志·水利志·塘堰》。

再加上山区农业的开发，水土流失现象更为严重，冲刷到下游，不仅淤塞了淠水的支流，也将泥沙堆积在芍陂的南部，南部由此越来越高，一些地方逐渐变成了肥沃的土地，这成为明清以后芍陂屡次被占垦的主要原因。

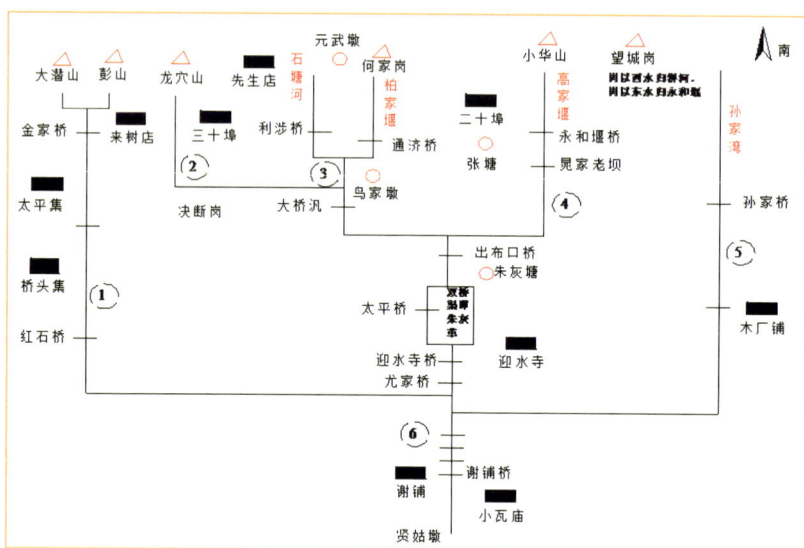

图 4-2　清代光绪年间水源图（图据夏尚忠《芍陂纪事》原图改）

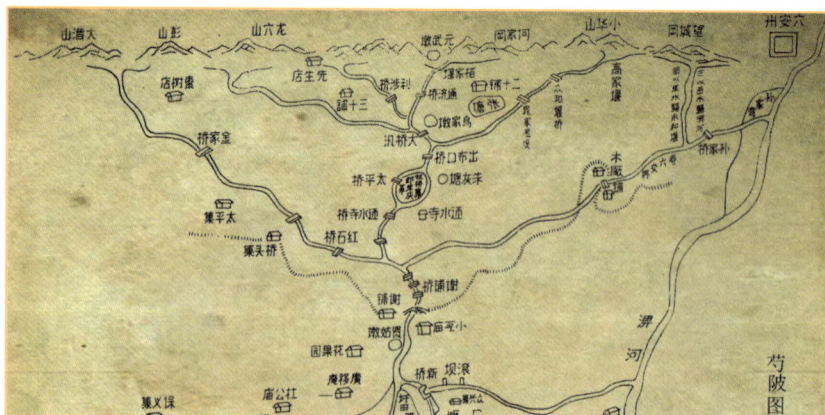

图 4-3　芍陂水源水系概化图
（图据清夏尚忠《芍陂纪事》内容改制，刘建刚绘）

表 4-1　　　　清代芍陂水源构成表（据清夏尚忠《芍陂纪事》制作）

序号	名称	备注
①	大潜山、彭山水源	二山水源与②③④水源汇于尤家桥北
②	龙穴山水源	发源于龙穴山
③	元武墩水源	与②汇合于鸟家墩
④	小华山水源	发源于小华山，与②③水源汇于出布口桥
⑤	淠水水源	六安东五里望城岗以西水归淠河，以东归永和堰
⑥	涧水与淠水水源	②③④⑤汇合后于贤姑墩下注芍陂

图 4-4　现今芍陂水源图

1958 年，芍陂被纳入淠史杭灌区之后，淠源河被木北分干渠截断，引水口随之淤塞，淠源河下段成为新开的淠东干渠一段。淠东干渠引淠河总干渠水入塘，成为安丰塘主要水源。

二、蓄水塘堤

陂堤是芍陂的主体工程，芍陂初建时，利用南高北低的地形，筑堤蓄水成陂塘，因此元代以前南部无堤，只有西部、北部有堤。明朝中期为阻止占垦开有界沟。现有史籍仅有塘周长和塘径的考察，没有塘堤长度和断面的记载。由于史籍诸多，各朝代记载的塘周长也大有悬殊（见表 4-2）。1935 年，导淮委员会勘测安丰塘测塘堤长 25.889 千米，1958 年，淠史杭灌区兴建时，对原塘堤进行了修建和培修，并在塘南部筑有新堤，塘堤总长 25 千米（见图 4-6、4-7）。

表 4-2　　　　　　　　芍陂周长、塘径史料简表

朝代 公元（年）	历史记载	文献出处	备注
北魏·孝昌三年 （公元 527 年前）	"陂周百二十许里"	《水经·肥水注》	
唐·仪凤元年 （公元 676 年）	"陂径百里"	李贤《后汉书·王景传注》	
唐·贞元十九年 （公元 803 年）	"陂径百里"	《通典·州郡·寿春郡》	
唐·元和八年 （公元 813 年）	1. "芍陂周三百二十四里，径百里"；2. "芍陂周二百里，径百里"	《元和郡县图志》	该书宋以后卷二十四"淮南道"一缺失。此据《读史方舆纪要江南三》转引
宋·太平兴国五至八年（公元 980—983 年）	"凡径百里"	《太平寰宇记·淮南道·七·寿州》	
宋·太平兴国八年 （公元 983 年）	"凡径百里"	《太平御览·地部·陂》	

现状芍陂堤长 26 千米（见图 4-8），水域面积 3400 公顷（1 公顷 =0.01 平方千米），堤顶高程为 30.5～31.0 米，顶宽 4～8 米，塘底高程为 26.0～27.5 米，设计蓄水位 29.50 米，设计库容 8400 万立方米，校核洪水位 29.70 米，校核库容 9070 万立方米，死水位 27.5 米，死库容 1723 万立方米，兴利库容 6677 万立方米，控制流域面积 3.90 万公顷。

图 4-6　芍陂塘堤（20 世纪 80 年代）

图 4-7　芍陂除险加固（20 世纪 80 年代）

（一）芍陂面积的变迁

关于芍陂的面积，历史上有多种说法，最常见的也是最早的是北魏郦道元《水经注》里提及的"周一百二十里许"，此外还有"径百里""周三百二十四里"，"周二百二十四里"之说。根据《芍陂纪事》作者夏尚忠的考证，"溯其初制，引六安百余里之水，自贤姑墩入塘，极北至安丰

图 4-8　芍陂塘堤（2014 年）

县，折而东至老庙集，折而南至阜口，又南合于墩，周围凡一百余里，此孙公当日之全塘也。"贤姑墩为今众兴集附近，根据东西南北直线距离，周一百二十里许是符合描述的。《后汉书·王景传》中李贤注"陂径百里"。李贤是初唐人，据此推测芍陂周长为三百余里，这与隋代赵轨开了三十六水门后初唐芍陂曾经灌溉面积达到万余顷的史实是相对应的。《元和郡县补志》中"安丰县·芍陂"下注曰："案后汉书注云，在县东，周三百二十四里。"而《元和郡县补志》是清代人对《元和郡县图志》的补缺，该书在宋代以后就有所缺失，"淮南道"一条也在缺失之列。因此，"周三百二十四里"的说法更有待考证。

当然，从唐代开始，由于芍陂上游的水土流失，淤积在芍陂的土地十分肥沃，许多人就对此上了心思，"为力势者幸其肥美，决去其流以耕。"尤其是明代以后，占湖为田的情况十分严重，成化年间，芍陂贤姑墩以北至双门铺塘之间的土地，三十里的土地被占。隆庆年间，退沟以北至沙涧铺塘中的土地又被占，这时芍陂已被侵占过半。万历初，新沟以北的田地又被占为私家田庐。到清代《寿州志》里提到："陂长本百里，周几三百里，今陂周一百二十里，又一百二十里中，其为陂者仅为十之三，其余皆淤为田。""芍陂距今界陂周五十余里。"在《芍陂纪事·论二》中，夏尚忠写道："东极老庙，西极旧县，南极高门，北极堤埂，新沟之下，周围之内，犹存数十里，至今二百余年，仍守其规。"由此可见，芍陂的面积在历史各个时期有所变化，到明清以后总的趋势是逐渐在缩小（见图4-5）。

（二）历代灌区范围

芍陂的灌溉面积历史上也有多种说法。最早的记录来自《晋

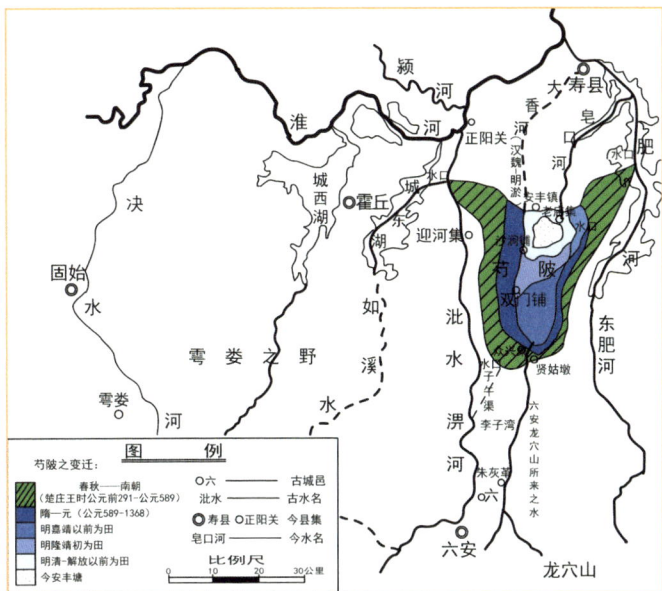

图 4-5　历代芍陂变迁图

（本图据 1986 年《芍陂水利史论文集》中芍陂变迁图改制）

书·伏滔传》里提到："龙泉之陂，良畴万顷。"隋代赵轨在孙叔敖最初建五门的基础上，更开三十六门，这三十六门大多分布在芍陂的西、北、东北堤上，水门增加了，灌溉渠道自然增多，灌溉面积也就相应扩大。赵轨修治后，芍陂"溉田五千余顷，人赖其利"。此后唐宋都有芍陂"灌田万顷"的记录，这是芍陂记载最高的灌田面积。唐代安史之乱后，淮南地区同江浙地区一样，上升为唐朝主要的经济区，也成为唐朝主要的财赋来源，唐王朝对江淮之间的水利十分重视，"上元中，于楚州古射阳湖置洪泽屯，寿州置芍陂屯，厥田沃壤，大获其利"广德二年（公元 764 年），宰相元载曾在芍陂下开永乐渠①，这些都在一定程度上扩大了灌溉面积。

---

① 转引自梁方仲编著《中国历代户口、田地、田赋统计》乙编乙表 14。

北宋，芍陂的灌田面积也有达万顷的记载，这和张旨疏通淠河干渠、修治水门、外筑大堤不无关系，灌田万顷虽有夸大事实之嫌，但是芍陂的修治促进了农业生产的发展是肯定的。元代，芍陂设有屯田万余顷，也是全国重要的供粮点之一，这也得益于芍陂的灌溉作用。《元史》卷五十九《地理志二》寿春条记："至元二十一年，江淮行省言'安丰之芍陂可溉田万顷，若立屯开耕，实为便益。'从之，于安丰县立万户府，屯户一万四千八百有奇。"当年即同意江淮行省的上奏，维修安丰塘，"江淮行省请修安丰芍陂，可灌田万顷，从之"①。但是到元代后期，芍陂因年久失修，水源流道淤阻，蓄水量逐渐下降，屡屡出现灾情。元代以后芍陂逐渐淤积，明代末期豪强抢占，湖田不断增加，灌溉面积更加缩小。清康熙中期，经过连续7年的修治，灌溉面积曾达到五千余顷。但其后到清代光绪年间，芍陂逐渐又被占垦，只存周五十余里，只能灌田一千多顷。（见表4-3）

表4-3　　　　　　　　芍陂灌溉面积史料简表

朝代	公元纪年	历史记载	史料来源
晋太和五年	公元370年	龙泉之陂，良畴万顷	伏滔：《正淮》
晋义熙十二年	公元416年	起田数千顷	《宋书·毛修之传》
宋元嘉七年	公元430年	良田万余顷	《宋书·宗宝传》
隋开皇十年左右	公元590年	灌田五千余顷	《隋书·赵轨传》
唐仪凤元年	公元676年	陂径百里，灌田万顷	《后汉书·王景传》李贤注
唐贞元十九年	公元803年	陂径百里，灌田万顷	《通典·州郡·寿春郡》
唐元和八年	公元813年	灌田万顷	《元和郡县图志》
唐大中八年前	公元854年前	灌田数百顷	《文苑英华·义昌军节度使浑公神道碑》

① 武同举：《淮系年表全编》。

朝代	公元纪年	历史记载	史料来源
唐代		灌田万顷	《旧唐书·地理志》
宋太平兴国五至八年	公元 980—983年	凡径百里，灌田万顷	《太平寰宇记·淮南道·七 寿州》
宋天平兴国八年	公元 983 年	凡径百里，灌田万顷	《太平御览·地部·陂》
宋明道一至二年	公元 1032—1033 年	灌田数万顷	《宋史·张旨传》
宋庆历二年	公元 1042 年	古尝灌百万亩，……今裁溉五十万亩	宋祁《寿州风俗记》
宋熙宁六年后	公元 1073 年后	灌田万顷	《宋史·杨汲传》
元至元二十一年	公元 1284 年	可灌田万余顷	《元史·兵志·屯兵》
清代	康熙时期	五千顷	《寿州志·水利志塘堰卷》
清代	光绪年间	周五十余里，一千顷	光绪《寿州志》
现代	公元 1932 年	10 万亩	《农报》1935 年 5 月 30 日
当代	2014 年至今	67 万亩	寿县人民政府

资料来源：［清］光绪《寿州志·水利志·塘堰》。

1928 年，淠源河淤塞，进塘水量锐减，灌溉面积仅六七万亩。1936—1937 年，安徽省水利工程处先后开始疏浚淠源河、培修塘堤等工程，将芍陂灌溉面积增至 20 万亩，但因抗日战争等原因，到 1949 年左右，芍陂的灌溉面积又降到了 8 万亩。目前，芍陂灌溉面积为 67 万亩。

三、灌溉口门

孙叔敖创建芍陂时，只有五个门，但是关于这五个门一直没有详细记载，到《水经·肥水注》里才提到"陂有五门，吐纳川流"，"西北为香门陂"。根据描述，这五个口门一是五门亭南的进水口，是如溪水和涧水相汇后通过此门入陂处，估计在此进水口设有泄洪设施，多余的水量可泄入沘水。因为如无工程控制蓄泄，则不需要设置口门。二是位于东北角的井门，沟通芍陂与肥水，"更相通注"。三是位于塘北孙叔敖祠下的芍陂渎口门，泄陂水入芍陂渎，渎向北流，分为二水，东去一支为黎浆水入肥水，北去一支经寿春城，供寿春用水，再注于肥水。四是位于塘西北的羊头溪水口门，泄陂水入羊头溪，北注于肥水。五是位于西北角的香门，积而为香门陂，邓艾在芍陂北堤开过的大香水门，可能即是此水门。五座口门中，五门亭口门是芍陂的主要进水口门，其余四门为灌溉口门，井门与羊头溪水口门兼有泄洪功能。

隋朝赵轨于公元590年左右，增开了"三十六门"。这三十六门的详细情况，在隋代很少有记述，宋代《寿州风俗志》中有芍陂"窦堤为三十六门，均出与入，各有后先"的简要记载，到明代嘉靖二十九年（公元1550年）《寿州志》中才有三十六门的具体名称和灌溉范围，其中的井字门、大香门可能是《水经·肥水注》中的"井门、香陂门"的延续。清康熙年间，寿州州佐颜伯珣将三十六门改为二十八门，到清代光绪年间，原三十六门已有10座废弃（见表4-4、图4-9）。1936年，经过整修，将28座口门增至29座。1944年，安徽省水利工程处查勘发现，29座口门大部分损坏，近于失效状态。1955年，寿县对安丰塘工程进行修复和扩建，将18座口门翻修后合并为14座，对另10座口门填土夯实，对内部剥蚀用水泥砂浆抹缝，接长洞身，加做翼墙护坦（见表4-5），此时共有24座口门。1958年，又调整为20座，当年建老庙泄水闸。为调节进塘水量，在杨仙铺南建杨仙节制闸。1959年11月，建戈店节制闸。1963年，废井字门，改为老庙倒虹吸。1974年，建杨西进水闸、双门节制闸，废杨仙节制闸。

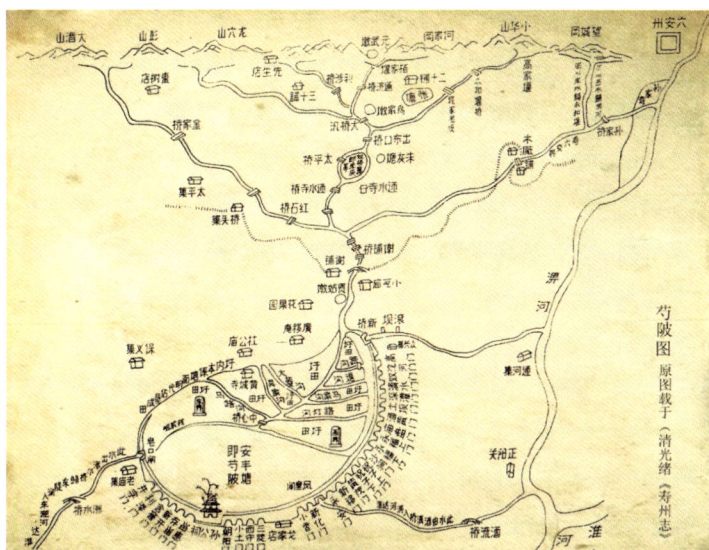

图4-9　清光绪年间芍陂水源和水门（图片来源清光绪《寿州志》）

表4-4　　　　　　　　　　芍陂水门沿革表（明清）

序号	明嘉靖时期	清乾隆年间	清道光年间	清光绪年间	备注
1	皂口门	已废			
2	井字门	井字门	井字门	井字门	
3	利泽门	利泽门	利泽门	利泽门	
			含窖门	含窖门	
4	新开门	新开门	新开门	新开门	
5	存留门	存留门	存留门	存留门	
6	流会门	流会门	流惠门	流惠门	
7	朝贺门	朝贺门	朝阳门	朝阳门	
8	土门	土门	小土门	小土门	
9	土字门	土字门	大土门	大土门	光绪十五年（公元1899年）年废

序号	明嘉靖时期	清乾隆年间	清道光年间	清光绪年间	备注
10	西首门	西首门	西守门	西守门	
11	陡门	已废	/	/	
12	三陡门	三陡门	三陡门	三斗门	
13	正阳门	已废	/	/	
14	大香门	已废	/	/	
15	小香门	小香门	小香门	小香门	
16	达子门	回子门	/	/	
	/	/	新化门	迴字门（新化门）	
	/	新移门	新移门	新移门	
17	黄沙门	黄沙门	黄茂门	黄茂门	
18	祝子下门	祝子下门	祝子下门	祝字下门	
19	祝子上门	祝子上门	祝子上门	祝字上门	
20	沙涧门	沙涧门	沙涧门	沙涧门	
21	永福下门	永福下门	永福下门	永福下门	
22	永平上门	永福上门	永福上门	永福上门	
23	庙盘门	庙盘门	庙盘门	庙盘门	
24	酒黄门	酒黄门	酒黄门	酒黄门	
25	土坝门	土坝门	土坝门	土坝门	
26	深潭门	深潭门	深潭门	深潭门	
27	清水门	清水门	清水门	清水门	
28	下双门	下双门	双门	下双门	
29	上双门	上双门	/	/	
30	脱合门	沱河门	沱河门	脱合门	
31	下鸳鸯门	已废	/	/	

序号	明嘉靖时期	清乾隆年间	清道光年间	清光绪年间	备注
32	上鸳鸯门	已废	/	/	
33	高门	高门	高门	高门	
34	枣子门	已废	/	/	
35	杨仙门	已废	/	/	
36	童子门	已废	/	/	

资料来源：［清］夏尚忠《芍陂纪事》、［明］嘉靖《寿州志》、［清］乾隆《寿州志》、［清］道光《寿州志》、［清］光绪《寿州志》，明嘉靖年间共有水门36座，清乾隆、道光、光绪年间共有水门28座。

表4-5　　　　　　　　芍陂水门情况（20世纪50年代）

序号	口门名称	灌溉面积（亩）	设计流量（立方米每秒）	孔径（米）		洞长（米）	备注
				高	宽		
1	井字门	4800	0.76	1.0	0.40	8.2	
2	利泽门	3218	0.76	1.0	0.40	8.2	
3	含窖门	1777	0.60	0.8	0.40	8.2	
4	互利门	5838	0.757	1.0	0.40	8.2	
5	流惠门	6253	0.9014	1.2	0.40	8.2	
6	团结门	13865	1.793	1.2	0.70	8.2	序号1-14为翻修后由18座合并为14座
7	合作门	15053	1.931	1.2	0.75	8.2	
8	新华门	7200	0.9014	1.2	0.40	8.2	
9	新兴门	4300	0.76	1.0	0.40	8.2	
10	黄鳝门	2600	0.76	1.0	0.40	8.2	
11	下祝字门	16243	1.831	1.2	0.75	8.2	
12	上祝字门	6218	0.9014	1.2	0.40	8.2	
13	沙涧门	2091	0.76	1.0	0.40	8.2	
14	枣树门	6000	0.751	1.0	0.40	8.2	

序号	口门名称	灌溉面积（亩）	设计流量（立方米每秒）	孔径（米）高	孔径（米）宽	洞长（米）	备注
15	酒房门	2439	1.029	1.34	0.75	8.0	
16	程家门	3414	1.082	1.42	0.60	8.0	
17	永福门	2589	1.115	1.44	0.61	8.0	
18	庙盘门	1653	0.996	1.12	0.72	8.0	序号15–24为整修加固后的10座口门
19	土黄门	1020	0.828	1.31	0.49	8.0	
20	生产门	843	0.475	0.90	0.45	8.0	
21	清水门	1212	—	1.00	0.50	8.0	
22	双门	9864	1.014	1.13	0.71	8.0	
23	土板门	4080	0.802	1.18	0.58	8.0	
24	高门	2295	0.85	1.23	0.57	8.0	

2008 年，新建塘口闸，塘口闸位于安丰塘水库进水渠口瓦庙店，是安丰塘水库的蓄水控制工程．闸门设计流量 100 立方米每秒，闸室为三孔，单孔净宽 6 米，孔高 5.73 米，闸底板高程 25.85 米，闸底板厚 1.0 米，闸墩顶高程 31.58 米，闸中墩厚 1.0 米，边墩厚 1.1 米，闸室总宽度为 22.2 米，闸室长度 15.0 米。闸门为定滑轮直升平板钢闸门，双向止水，启闭机为 100 千牛，卷扬式手电两用。该闸设计防洪水位：上游 29.60 米，下游 29.47 米。该闸运行后，使环塘交通更便捷、工程蓄水更安全。

目前，芍陂有 21 个水门：团结门、新开门、戈店节制闸、新化门、安清门、新兴门、黄鳝门、祝字门、沙涧门、八大家门、陈家门、塘口门（进水闸）、洪井门、大林门、渔苗站门、西楼门、南场门、团结门、老庙倒虹吸、老庙泄洪闸、利泽门。其中利泽门、新开门、沙涧门、新化门、祝字门都沿袭了明清时期的名称。

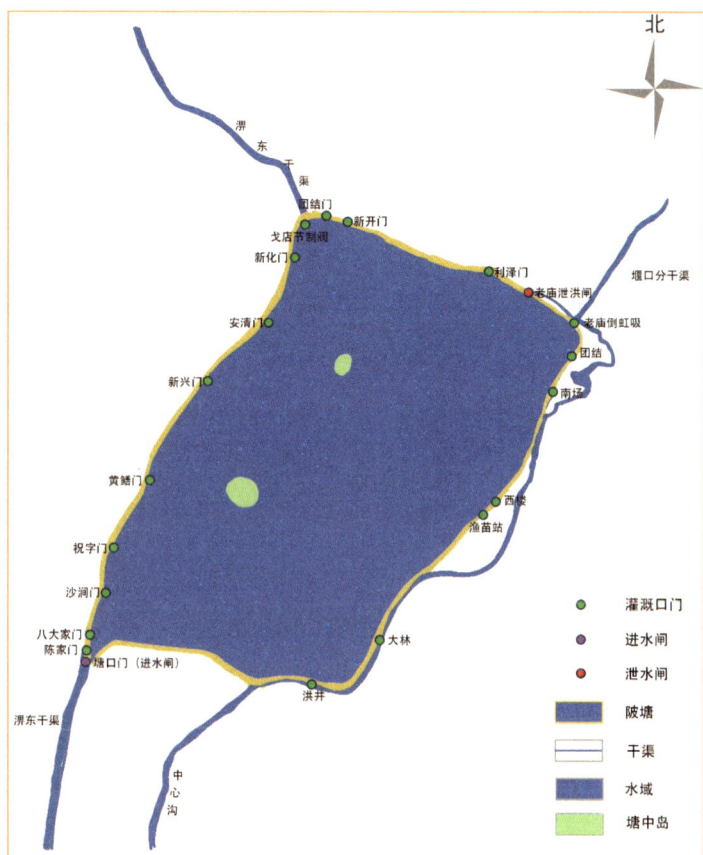

图 4-10　现代灌溉口门分布情况

四、渠系工程

芍陂渠系工程包括引水渠和灌溉渠道，灌溉渠道在历史文献上少有记载，只有隋唐时期已开三十六门，记载了当时渠道增多等情况。

（一）引水渠演变

1. 淠源河

芍陂的引水渠道，全部是自然河道，除了大桥畈到五门亭南

的淠水（山源河）外，主要引水渠道就是淠源河。淠源河最早起源于春秋时期，孙叔敖为确保芍陂的水源，在芍陂的西南面开了一道子午渠，上通淠河，这就是淠源河。淠源河极易淤积，历史上多次有关于淠源河疏通的记载。东汉王景、东汉末年至三国时期刘馥和邓艾、南朝刘义欣先后都疏通过这条引水渠道。宋明道中期（约公元 1033 年）安丰张旨曾疏浚淠河三十里，并疏泄支流，注入芍陂。南宋时期，淠源河因为屡经战火而湮废。明代户部尚书邝埜，从蒙城、霍山征调 2 万民工，对淠源河等引水渠道进行了大规模的疏浚。明清以后，地主豪强经常在引水渠道筑坝断源，芍陂遭到巨大破坏，虽然历经多次维修，但是占垦现象日益严峻，到清末民初，淠源河严重淤积，失去引水作用。

1934 年，安徽水利工程处派员测量淠源河，发现引水口至两河口 18.3 千米长的渠道淤积严重，当年 7 月，编制了《芍陂塘引淠工程计划书》，计划疏浚淠源河引淠水入塘，但第二年这一计划因导淮委员会对计划提出修正而停工。1935 年 5 月，导淮委员会编制了《安丰塘灌溉工程计划书》，确定按照灌溉 20 万亩的要求疏浚淠源河。1936 年，导淮委员会成立了整理安丰塘工程事务所，主办淠源河疏浚工程，第二年 8 月竣工。1944 年夏，安徽省水利工程处胡广谦，在《视察安丰塘情形及意见报告》中指出，淠源河经 1936 年疏浚后复又淤积，建议每年秋末农隙时，征集受益区民工疏浚，但因抗日战争，这一意见未能实现。1946 年，安徽水利工程处经过查勘后，建议将 1936 年疏浚淠源河后在鲍兴集兴建的进水口，改在靠近六安城的右岸下龙爪处，并建防洪闸，后工程也未能实施。1949 年，淠源河已经淤塞。1953 年，寿县人民政府组织 6000 人工，疏浚渠道 18 千米，恢复了淠源河的引水功能，

1958 年，淠史杭灌区开始兴建，1962 年，淠东干渠建成通水，取代淠源河成为安丰塘引水渠道。从此，淠源河结束了它的历史使命。

2. 塘河

塘河又称子午河、石坝河，上自两河口承山源河与淠源河水，北流经众兴集、双门铺至瓦庙店入安丰塘，长 32 千米。作为引两源之水的重要引水渠，历代对安丰塘的修治应包括塘河，但史籍无明确记载。1931 年，淮河流域发生大洪水，安丰塘工程遭到洪水破坏。1934 年，安徽省水利工程处派员测量塘河和淠源河。1935 年，导淮委员会派员勘测安丰塘，编制《安丰塘灌溉工程计划书》，提出塘河全段河槽尚宽深，水流亦通畅，无须疏浚，只需增培塘河两岸堤防。塘河两岸堤防各长 41.4 千米，设计顶宽 2 米，外坡 1 ∶ 2，内坡 1 ∶ 3，与塘堤衔接处堤顶高程 28.5 米，向南至两河口逐增至 30.6 米。1937 年 4 月 5 日，安徽省水利工程处增培河堤工程分六段同时开工，每段设监工员驻段监督，至 6 月 20 日全线竣工，共做土方 12.37 万立方米，塘河两岸 197 座涵洞，也于 12 月由受益民户修缮完竣。

1949 年，塘堤和塘河堤已残缺不全。1954 年，寿县人民政府培修瓦庙店至众兴滚水坝间长达 21 千米的河堤，顶宽达 3 米，堤顶高程加至 29 ~ 30.4 米。1958 年，淠史杭灌区兴建后，塘河成为淠东干渠的一段。

（二）灌溉渠道

古时芍陂灌区内的渠道，史上记载简约。三国邓艾屯田期间，曾有"北临淮甸，南尽芍陂，淤者疏之，滞者导之""堰山谷之水，旁为小陂五十余所"的记载，形成了以芍陂为首，通过放水口门下的渠道，与灌区内塘堰相联结的工程格局。隋代开三十六门，放水口门以下渠道总长为390多千米，最长的渠道达30多千米。嘉靖年间，36门灌溉渠道累计总长为783里，其中最长者达60余里，最短者为7里；乾隆年间28门，灌溉渠道总长为284里，其中最长者仅15里，最短者为4里。

1944年夏，安徽省水利工程处提出调整涵门，加宽并增开放水沟渠，退还陂占垦的塘堰复为蓄水之所的意见，但因当时处于抗日战争而未能实施。1949年至1988年，经过40年建设，安丰塘灌区各级渠道总长达651.7千米，在各级渠道兴建的配套建筑物共855座，形成了较为完整科学的灌溉和排水体系（见图4-11）。

图4-11 当代芍陂灌区主要水系、渠系及工程分布图

1958 年后修建淠史杭灌区，自淠河总干渠六安九里沟分出淠东干渠（图 4-12、图 4-13），至木厂铺接入淠源河、塘河，成为芍陂主要水源，年平均引水量 2.6 亿立方米。

图 4-12　淠东干渠（20 世纪 80 年代）

芍陂的水从环塘水门放出后，由各级渠系输送至灌区各处农田之内。渠道按输水规模、控制灌溉面积分为分干渠、支渠、斗渠、农渠、毛渠各级（见图 4-14、4-15、4-16、4-17、4-18、4-19），

图 4-13　芍陂水源——淠东干渠（2014 年 8 月）

基本都是灌排两用。芍陂灌区内共有分干渠 2 条、支渠 54 条、斗渠 151 条、灌溉农渠 298 条，总长 678.3 千米。渠道上建有分水闸、节制闸、退水闸等配套工程数百座，以及部分排灌站，使灌溉用水及农田排涝完全能够人为调节，保障了灌区旱涝无虞。

图 4-14　分干渠（2014 年 8 月）

图 4-15　支渠（2014 年 8 月）

图 4-16　斗渠（2014 年 8 月）

图 4-17　农渠进水闸（2014 年 8 月）

图 4-18　农渠（2014 年 8 月）

图 4-19　毛渠（2014 年 8 月）

五、闸坝工程

　　到明代，芍陂开始有减水闸的记载，这与明代地主土豪越来越疯狂地占陂为田有关系，雨季水旺时，地主土豪怕水淹了自家田地，便随意盗决陂堤。建置减水闸，就是为了防止盗决的举措。《芍陂纪事》中明代金铣《明按院魏公重修芍陂记》中提到"隋赵轨更开三十六门，今则有减水闸四座。"这篇碑记写于明成化十九年（公元 1483 年），此中并无闸名和兴建年代。嘉靖《寿州志》也有"杀水闸四"的记录。乾隆《寿州志》中清代颜伯珣《重修安丰塘碑记》曾提到"皂口闸、文运闸、凤凰闸、龙王庙，凡四闸"的具体名称。光绪《寿州志》时曾经提到："旧四闸，今惟凤凰闸、皂口闸存，其文运闸、龙王庙闸并废。"

文运闸。最早见于清康熙四十二年（公元1703年）颜伯珣修治芍陂的碑记中，兴建年代不详。据《芍陂纪事》记载，文运闸为芍陂减水闸，在塘北戈家店北巷内，出水道为文运河。文运河承芍陂泄水东流汇皂口河入东淝河达于淮河。清雍正九年（公元1731年）以后，再无记载，闸废何时不详。闸废之后，文运河淤，逐渐被开垦，得田66亩，所得收益成为孙公祠办祭祀的资金。

龙王庙闸。闸名与文运闸同时出现在清康熙四十二年（公元1703年）颜伯珣修治芍陂的碑记中，清雍正九年（公元1731年）以后，再无史料记载。《芍陂纪事》中"或云祝家涧系此闸出水之道，而涧上无庙；或云闸在老庙市北头，今之河北庙系堤上移去者而皆不可考矣。"。

凤凰闸。凤凰石闸在芍陂的西北部，距安丰旧县南四里以外，距离众兴滚水坝大约五十里，因陂上半部已被占垦为围田，为防止山水侵袭，泄水不力，建此闸"以减中流盛旺之水也"，这是对芍陂中流之水的控制。兴建年代无考。乾隆三十七年（公元1772年），寿县知州郑基征收环陂地亩银二千四百两有余，修治凤凰皂口二闸，"修凤凰闸，深六丈二尺，削中而外射，中广三丈三尺，外四丈二尺，梁其上，以便行者。"此水西流入板桥集入淠水，北流至正阳关入淮河。自明成化十九年至清朝末年，代有修治。民国时期无人修治，日渐毁坏。1952年，寿县人民政府进行整修，恢复了工程效能。1954年，翼墙、护坦等遭受洪水破坏，修复工程量大，加之汛期淮河水位高，正阳涵关闭，凤凰闸泄水不能入淮河，致闸下4万亩农田受涝成灾，故于汛后废弃。

皂口闸。凤凰闸往北二里，再往东十余里折而往南五里，即芍陂东北老庙集南 3 千米处，是皂口石闸，以泄全塘盛旺之水，这是芍陂的末流，泄水出闸东北流，经和尚桥至绵阳湖折而东，至东陡涧河入东淝河北流入淮河。其前身为皂口河进水口，闸为溢流堰型式，"水平则蓄之，满则泄之"。兴建年代无考。明嘉靖二十七年（公元 1548 年）修治。清代康熙、雍正、乾隆年间均进行过维修。乾隆三十七年（公元 1772 年）《郑公重修芍陂闸坝记》中记载："皂口闸广四丈，址齐水而迤下。溢则流，否则止。两壁隆起如丘，高寻一尺。"嘉庆七年（公元 1802 年），皂口闸渐坏，道光八年（公元 1828 年）重修皂口闸护坦。光绪八年（公元 1882 年），官府拨款维修。1952 年，寿县人民政府组织沿塘人民，对皂口闸等工程进行整修，恢复了工程效能。1954 年以后，皂口闸的闸基和闸身遭到洪水破坏。此后皂口闸废。

众兴滚水坝（见图 4-20）。众兴滚水坝位于众兴集南 0.5 千米处，古称新仓处，距离贤姑墩五里，以削减上游南河骤来洪水，泄水西流至迎河集入淠河北流入淮河。雍正八年（公元 1730 年），知州饶荷禧带领环塘人民捐输银一千余两在芍陂南部新仓决口处修建众兴滚坝，工未竣被洪水冲决而停建 5 年，乾隆二年（公元 1737 年）重建并竣工，花费帑银三千余两。《芍陂纪事》载"坝广四丈，高寻一尺，两壁隆起；中址迤下，溢则流，否则止"，为石灰浆砌条石结构。乾隆三十七年（公元 1772 年），环塘士民按亩捐款补修滚坝。嘉庆七年（公元 1802 年），滚水坝倾塌，道光八年（公元 1828 年）重修。同治四年（公元 1865 年）九月，按亩征集民工进行大修。施工中熔米汁与土使变得坚实，次叠以砖，砖上覆以条石，条石以铁锭联结，隙缝密实，次年四月工竣，规模如旧。民国二十三年（公元 1934 年），安徽省水利工程处勘测，众兴滚水坝 12 米。1931 年最高洪水位时，坝顶水头 1.34 米，流量 62 立方米每秒。

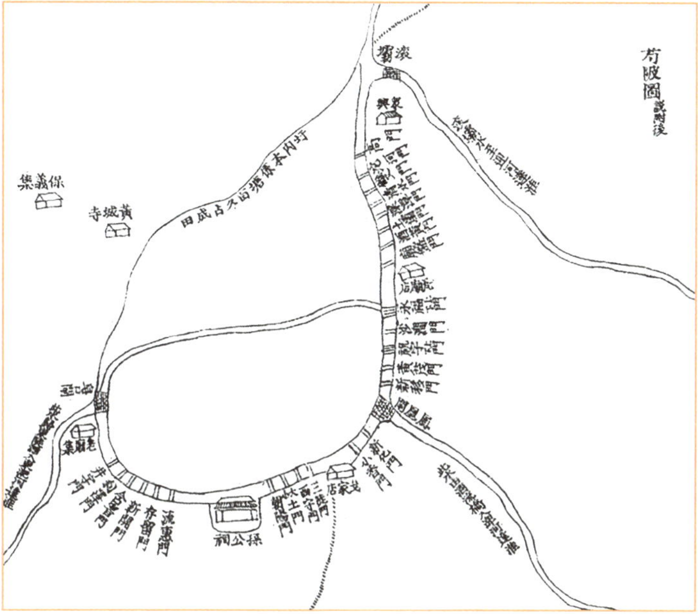

图 4-20　清代芍陂水门图（图片来源清代夏尚忠《芍陂纪事》）

在清代，正是由于西北减水闸、东北溢洪坝和南部滚水坝的相互配合，积蓄塘水，洪时泄水，保证了芍陂的蓄水和灌溉能力，又不至于泛滥成灾，再加上水门的作用，并不忘时时增补堤埂，在屡屡被盗决和占垦的情况下，芍陂还是发挥了较大的水利功能。

1952 年，寿县人民政府对滚水坝进行整修。1954 年，滚

图 4-21　老庙泄水闸（20 世纪 80 年代）

水坝翼墙被洪水冲毁，汛后用混凝土及浆砌条石整修冲毁部位，结构型式未变。1958年12月，因在淠东干渠上建杨仙节制闸，由杨西分干渠分洪入淠河，众兴滚水坝废弃。同年，修建老庙泄水闸（见图4-21、图4-22），作为主要的防洪工程。芍陂完善的水利工程体系，保障了灌区旱涝无虞。

图4-22　老庙泄水闸的排洪渠道
（2014年8月）

图4-23　淠东干渠进水闸—塘口闸
（2014年8月）

第二节　非工程遗产

　　除了蓄水工程、环塘水门、灌溉渠系、防洪工程等工程体系之外，芍陂还遗存有大量的非工程遗产，祭祀孙叔敖的建筑孙公祠、孙公祠内有北魏时期的砖雕门楣4块，有汉代出土的"都水官"铁权、铁渔叉、铁渔钩、铁犁铧等，以及孙公祠之内集中起来的碑刻19方，包括历史上重修安丰塘碑记、禁止侵塘为田的积水界石记、安丰塘图、孙叔敖石刻线像及其传略、重修孙公祠碑记等。其中清代石刻塘图可见塘的位置、水源、斗门、灌区概况，在水利科学史上有较高价值。乾隆四十年（公元1775年）梁书丹之草体《重修安丰塘碑记》，还具有很高的书法艺术鉴赏价值。此外，遗存下来的有关芍陂的诗词、书籍、文献，都是研究芍陂乃至中国水利史的珍贵资料，从不同角度反映了当时社会政治、经济、文化的状况。

一、碑文

芍陂最早的碑记，应该是东汉王景修治芍陂后所立的"铭石刻誓，令民知常禁"碑，但因年代久远，早已失传。现存最早的碑文，是明成化二十一年（公元 1485 年）《按院魏公重修芍陂记》，明代以后，遗留下来的碑文较多，1966 年，寿县水利电力局和安丰塘管理处，将碑刻砌入孙公祠仪门的墙壁内，石碑得以保存至今。这些碑文是我们今天研究芍陂历史沿革的重要史料。

（一）明按院魏公重修芍陂记

该碑立于明成化二十一年，金铣撰文，记述了明成化十九年至二十一年（公元 1483—1485 年）两任监察御史魏璋、张萧惩罚占塘之民、修治芍陂的前后经过。该碑文是目前留存最早的碑刻，可见当时芍陂 36 门尚存，有减水闸 4 座，能灌溉田亩 4 万余亩，以及陂中的庆丰亭已废。全文如下：

> 芍陂，春秋时楚相孙叔敖之所作也，在寿州南境，以水径白芍亭，积而为湖，故谓之芍陂。旧属期思县，又谓之期思陂。后为安丰县废地，故又谓之安丰塘也。首受渒水，西自六安骁虞石，东南自龙池山，其水胥注于陂。旧有五门，隋赵轨更开三十六门。今则有减水闸四座，轮广一百里，溉田四万余亩，岁由丰稔，民用富饶。陂之中有亭曰庆丰，今废，此其大略也。汉王景、刘馥、邓艾，晋刘松，齐垣崇祖，宋刘义欣，我朝邝

埝皆常修筑。第世更物换，人无专司，水失故道，陂日就毁，居民乘之，得以日侵月占，掩为一家之私。成化癸卯，监察御史鄢陵魏公璋来按江北列郡，驻节寿州。慨然以兴复为己任，缚侵陂者，正其罪，撤其庐，尽复故址。命知州陈镒，指挥使邓永大修堤堰，濬其上流，疏其水门，甃石闸，覆以屋，贮关水纤索，俾谨开闭。且命新叔敖故祠，厥功垂成。适魏公受代还朝，陈子擢守南阳，其事中止。居民贪得之心复萌。甲辰，监察御史历城张公鼐，继按其事，将悉置于法，顽民咸悔过自讼。乃严命指挥戈都督工，期月告成。芍陂之复，至是确乎其不可拔矣。合淝陈公铣闻而悦之，谓二功不减于叔敖，属余纪其事。窃惟芍陂溉田如此其广，百世之利也。国家之大政，生民之大事，必有才力过人者，而后有所为。辟诸千钧之鼎，非乌获不足也。一为居民侵夺，穷人无所控诉。非魏公不足以兴其废，非张公不足以成其美，奚可以不书？铣既受命，于是乎书。

　　成化二十一年岁在乙巳秋七月朔旦立石

　　　　　　　　　　（引自《芍陂纪事·碑记》》

　　（注：此碑现存孙公祠内）

（二）本州邑侯栗公重修芍陂记

　　该碑立于明嘉靖二十七年，黄廷用撰文（黄公翰林院修撰），记述了嘉靖二十六年（公元 1547 年），兵宪许天伦、刺史栗永禄，疏浚芍陂淤积之地，在上流挖堤防止盗决，并采用挖沟为界的办法限制占垦，构官宇一所，杀水闸四，疏水门三十六，滠水桥一。全文如下：

孙叔教为楚相，施教行政，世俗盛美，勤恤生民，惠施无疆。尝于寿州南引六安流溪、沘、淠三水，潴之以塘，环抱一百余里。可溉田万余顷，居民赖之。汉王景、魏邓艾、宋长沙王义欣至我明邝、魏二君，相继修葺，以丕承前志。旧有白芍亭，泊而为湖，因名芍陂。后以安丰邑故地，今相传为安丰塘云。塘中淤积可田，豪家得之，一值水溢，则恶其侵厉，盗决而阴溃之矣。颓流滔陆，居其下者苦之。嘉靖丙午，兵宪许子莅兹土。知塘始末状，谋之州刺史栗子。越明年丁未春王月，会议州治，历塘而观，度地量期，计徒审庸。檄所辖者浚淤积，上流列堤而捍之。构官宇一所，杀水闸四，疏水门三十六，溉水桥一，昔利塘病民者不深咎。直藉其力，其因塘之利者，悦以使之，而忘其劳。时则台使路子偕许子暨凤阳郡侯李子往观，曰："美哉，塘也！"浩渺纡回，波流万顷，启闭盈缩，各以其时。其平成永殖之休也。善众宜人，惠莫大焉。嘉其经始，申以永图，上下贞吉，老稚腾欢。戊申夏，工殚告成，泽卤之地，自兹无歉岁，寿之人不有河洛之思矣乎？路子讳可由，曹人。许子讳天伦，李子讳愈，栗子讳永禄，皆晋人。余诸执事、经理，其功于塘者若干人，别有志。

（引自《芍陂纪事·碑记》）

（三）按院舒公祠记

该碑建于明万历四年（公元1576年），由梁子琦（梁公，州人，字汝珍。嘉靖乙丑进士。初授浙江诸暨县，仕至通政司左参议。）撰文。记述了寿州知州郑琉，招募饥民，以工代赈，疏浚芍陂引水河道，培修河堤，历经三个月竣工。全文如下：

安丰旧墟有芍陂，创自楚相孙叔敖，南接六安朱灰革，东收决断岗皂口诸水而西障之，匝几一百余里。灌田万顷，民受其利。迨魏邓艾建议破吴，屯田淮南，复于芍北凿大香水门，开渠引水直达城濠，以增灌溉、通漕运，更名曰期思，于是孙公之利得艾益溥。今考《一统志》，寿有庆丰亭、永乐渠亭遗址，今存陂侧。不记何年旱甚，朱灰革为上流自私者阻，大香门为塘下豪强者塞，渠日就湮，不可以灌漕，民皆两失利。余家陂东南五十里，未尝不痛孙公之不可作，且无艾以继之也。余职任银台时，侍御舒公拜命巡按南省，遇余咨寿之利病，余首举城堤当复、此渠当浚以对，公唯唯。会州守郑公亦初受命，余以告公者，为郑诵之，郑亦唯唯。无何，侍御公按寿，即以询之通庠，询之父老，谓是役不可以已。而堤为水侵，卒难施功。遂进郑公，而以浚渠委之。郑公毅然承命，且不欲其烦民力也。乃计工约费，编搜帑藏之美者。卜吉兴事，仿周礼赈荒之遗意，籴谷数千石，给饥黎而役之，民争趋焉。始于万历三年十二月初四日，告成于四年三月十五日。于是渠水复通，颂声大作。谋祠侍御公，且以州守配。郑公闻之曰："吾何功哉，吾奉御史公命而为之也，祠祀御史公，义矣。"遂驰书于余曰："御史公成先生志，先生当为记。"余不获辞。按是祠也，辟地一区，构堂数楹，旁列两庑，前设门衡。奉公之像，俎豆聿成。岁时伏腊，民各舒情。面芍陂之洋洋，既溥且长；襟乐渠之浩浩，既耕且航。缵楚相之遗绪，流泽无方。忘期思之更名，尸祝无疆。允矣义举，休有烈光。载之贞珉，百世弥昌。

（引自《芍陂纪事·碑记》）

（四）安丰塘积水界石记

该碑建于明万历十年（公元1582年），公自撰文，记述了黄克缵莅任寿州知州时，安丰塘已经被侵占十分之七。他一改前任退沟之法，怒逐新沟以北40余家垦田复为蓄水区；加高新沟以南旧堤为塘上界。堤上立积水界石碑。此后200余年，未再发生越界占垦（图4-24）。全文如下：

芍陂塘作于楚令尹孙叔敖，历汉、唐、宋、元至今，遗迹犹存。上引六安孙家湾及朱灰革二水入塘，灌田四万顷。其界起贤古墩，西历长埂，转而北至孙公祠，又折而东至黄城寺，南合于墩，周围凡三百里。为门三十有六，乃水利之最巨者也。成化间，

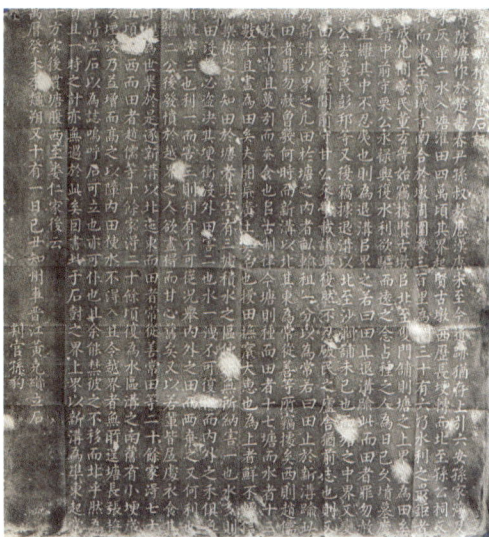

图4-24 安丰塘积水界石记

豪民董元等始窃据贤古墩以北至双门铺，则塘之上界变为田矣。嘉靖中，前守栗公永禄兴复水利，欲驱而远之，念占种之人为日已久，坟墓、庐舍星罗其中，不忍夷也，则为退沟以界之。若曰："田止退沟，逾此而田者，罪勿赦。"栗公去，豪民彭邦等又复窃据退沟以北至沙涧铺，未已也，而塘之中界又变为田矣。隆庆间，前守甘公来学，载议兴复水利，然不忍破民之庐舍，犹前志也，则又为新沟以界之。凡田于塘之内者，

每亩岁输租一分，以为常。若曰："田止于新沟，逾此而田者，罪勿赦。"曾几何时，而新沟以北，其东为常从善等所窃据矣，西则赵如等数十辈且蔓引而蚕食也。以古制律今塘，则种而田者十之七，塘而水者十之三，不数年且尽为田矣。夫开荒广土，美名也。授田抚窜，大惠也。为上者鲜不轻作而乐从之。岂知田於塘者。其害有三：据积水之区，使水无所纳，害一也；水多则内田没，势必盗决其埂，冲没外田，害二也；水一泄不可复收，而内外之禾俱无所溉，害三也。利一而害三，则利有不可从。况举内外之田而两弃之，又何利也？余继二公后，发愤于越界之人，欲尽得而甘心。旧矣，又以若辈皆居处衣食其中，视为世业。于是逐新沟以北，迤东而田者常从善、常田等二十余家，得七十五顷；迤西而田者赵如等十余家，得二十余顷，复为水区。沟之南旧有小埂，岁久湮没，乃益增而高之，以障内田，使水不得入，且令越界者无所逞。塘长张梅等请立石以为记。呜呼！石可立也，亦可仆也，且余能禁彼不移而北乎？然为苟且一时之计，亦无过于此矣！因书此於石，树之界上。界以新沟为准，东起常子方家，后贯塘腹，西至娄仁家后云。

万历癸未季秋又十有一日己丑　知州事晋江黄克缵立石。

（引自《芍陂纪事·碑纪》）

（注：此碑现存孙公祠内）

（五）国朝本州邑侯李公重修芍陂记

该碑建于清顺治十二年（公元 1655 年），由公自撰文，记述了寿州知州李大升征集千余人，疏浚河道，补堤岸，修闸门，筑新仓、枣子两座口门，十月，修减水闸 4 座。兵备副使沈秉公捐俸助理。

当年秋，别地皆大旱，惟芍陂一带丰收。全文如下：

　　安丰塘者，楚令尹孙叔敖之所作也。叔敖去今数千年矣，而其泽至今存焉。叔敖之功，其不可泯也哉。然世代变迁，堤堰冲湮，非有待于后人之补修，则其泽亦不待今日而始废矣。故历观寿志，修之者不一世，亦不一人，然亦不数数见也。此塘周围一百里，受洙、沘、淠三水，蓄泄以时，灌田万顷。自明季之后，冲决新仓之口，淤塞引水之河，茂草满堂，旱魃无救，民不获其利者于今三十余年。

　　余自癸巳夏来守寿州，询诸利弊，绅衿、黎庶皆言此塘乃寿土第一利者，余随欲举行而未之逮焉。迨乙未春日，会环塘士庶同周生成德等，相视其废坏处所，度而计之。余乃喟然曰："嗟呼！何古今人不相及之远至如是也。天下事有古人未为之，而自我为之者矣，亦有在古则为其易，而在我则为其难者矣。未有难者在于古人，既已先我而为之，易者在于今人，究不过一补筑疏通之力也。而我犹漠然置之、委之，以为不易成之业焉，不几为古人所笑乎？"于是量其工程，选夫千余，先疏河道之壅塞者一百四十余丈，再筑新仓、枣子门冲决二口，高厚约十数丈有余，绵长俱不下百尺许。复捐俸理其门闸，补其堤岸。不月余间，大略粗完。余具文报兵宪沈公，公喜之甚，亦捐俸饰修，意在利求万全，垂之永久。余随与州佐等加意巡葺，环塘之民插秧遍野。是岁，别地夏皆苦旱，惟安丰一带全获有收焉。及十月之中，仍查其未完者，重为整顿。其减水闸、中心两沟一一疏浚如法。余始抚掌叹曰："如此可以报成功矣！其庶乎不负兵宪沈公之意也哉！"士民咸归功于余，余应之曰："此尔众之力也，兵宪沈公之恩也，余何功之有焉！"记余自癸巳冬莅寿，性不合于时，行不侔于众，政拙术疏，不能为曲阿诡随，以媚于上，几遭排议。向非沈公昌言维挽，俾余得保厥位，以与寿民相休戚，又安得与尔众复此塘也哉。

嗟乎！叔敖往矣，芍陂之利至今存焉。先我而修复之者不一人矣，百年之后又安能保其久而不替也耶？是所待于后之君子焉。

（引自《芍陂纪事·碑记》）

（六）颜公重修芍陂碑记

本碑刻记载了清康熙年间寿州州佐颜伯珣两次修治芍陂的前后经过。第一次修治在康熙三十七年（公元 1698 年），刚刚修治完善就被近塘奸民盗决堤防，淹没大量农田，塘水很快干涸。康熙三十九年（公元 1700 年）春又再次治理芍陂，历时两月而成，同时加大惩治奸民力度。全文如下：

张遴记曰：芍陂以水迳白芍亭，积而为湖，故谓之芍陂。而其地属安丰，故又谓安丰塘。本五门，后更开三十六门，后更设减水闸，以备蓄泄。轮广三百余里，支流派注，溉田五千余顷，盖寿之水利也。历汉、唐、宋、元、明不时修举，然旋修旋圮，无有实享其利者。曲阜颜公来佐是州，慨然以兴复为己任。康熙三十七年兴工，亲督夫役，广咨访、妙区画，大寒盛暑不辍功。工垂成，会府牒至，命公监输，颜料辞不获，遂就道既去。近塘之奸民暗穴之，堤大决，波涛澎湃之声闻数十里，民田素不被水者，多波及焉。塘之愚复开堤放坝，竭泽而渔，道路相望，夜以继日，不一月而塘涸矣。三十九年春，公讫事还，复命驾往，缚奸顽者罪之。工再兴，两阅月而竣。因悉赦有罪，责以轮守，著为令。一门圮，罪常守者。岁由是稔，民用以饶。方工之初兴也，人群尤之，至是歌诵弗置，士人将立祠于孙公祠旁，以志不朽。遂谨记其梗概如此。

　　康熙庚辰十月　　寿阳张遂撰

（引自《寿州志·水利志塘堰卷》）（道光）

（七）颜公伯珣自作碑记

　　清康熙三十七至四十二年（公元 1698—1703 年），寿州知州傅君锡委派州佐颜伯珣修治芍陂。三十七年春，颜伯珣征民千人，会集于孙公祠，明确施工组织、职责范围，指挥办法，将原 36 座口门改建为 28 座，修建了南北塘堤。三十九年（公元 1700 年）六月整治了沟洫，四十年三月（公元 1702 年），修筑东北部塘堤，开复皂口、文运、凤凰、龙王庙 4 座减水闸，安排专人看管护卫。六月，整修孙叔敖祠。十月，修筑西北部塘堤。十一月，筑枣子口门，沿着堤岸种植柳树千株。全文如下：

　　颜伯珣记曰：康熙二十九年，余选吏部，授寿州丞。读州志载：孙叔敖治大小陂三，安丰为最巨。自秦汉迄今三千余年，代有废兴。至明成祖永乐间，寿民毕兴祖上书请修复，上命户部尚书邝埜驻寿春，发徒二万人治之。成化间，巡按御史魏璋大发官钱，嗣其余烈。嘉靖间，巡按御史路可由、颖州兵备副使许天伦、州守栗永禄兴复之。万历间，兵备贾之凤、州守阎同宾、州丞朱东彦又复之。国朝顺治十二年，州守李大升又继修焉。今又历四十余年矣。三十六年秋，陂之士沈捷上书于州守傅公、中丞李公力请修复，并请檄余董其事。沈生毅然为环陂倡，各宪俞允其请。明年春，征徒千人，誓于孙叔敖庙经始焉。

陂分二路，路有长，注水三十六门，门有长，其吐纳四闸未及焉。路长职籍徒廪饩，门长司鼓旗，锹者、篓者、版者、杵者，一视旗为响为域，听鼓声与邪许声相和答、取进止，朝赴而暮归。就绳束重作三十六门，南北堤堰三十里，陂水成泓矣。三十八年，余奉檄监采丹锡入贡京师，于是罢役。三十九年夏四月旋自京师，六月复至陂，经理其沟洫。四十年春正月筑江家潭。三月自孙叔敖庙讫南老庙，增堰堤，上广五尺、长十里，开复皂口闸、文运闸、凤凰、龙王庙凡四闸，置守堠；六月，劝民作孙叔敖庙，一恢旧制；十月，复筑瓦庙、沙涧堤堰，各上广五尺、长六七里；十一月，筑枣子门。自经始迄兹，凡四载。堤岸门闸吐纳防卫之道、锁钥畚杵之器、树艺渔苏之约、友助报本之义，无不备悉，讲求先后。依堤植千树柳，明年将返旧林，不知他日或能过此作汉南吟乎？沈生近陂而寡产，倡义而不私其亲，是能志仲淹之志者。中丞州守听言不惑，无愧于拥节钺、佩方符也。余竭蹶补苴，苟利一方，得上附数公之末，故乐序其事云。

康熙四十年辛巳，寿州丞曲阜颜伯珣相叔记。

（引自《寿州志·水利志塘堰卷》）（光绪）

（八）本州邑侯郑公重修芍陂闸坝记

该碑建于乾隆三十七年（公元 1772 年）由公自撰文，记述了士民李绍伶等请求寿州知州郑基，按亩捐银，修治皂口闸、凤凰闸和众兴滚水坝。郑基准其请求，获捐银 2400 余两，委派州佐赵隆宗监督实施，历时 4 个多月竣工（见图 4-25）。全文如下：

楚令尹孙叔敖，引六安溪、沘、淠之水，汇于寿春之南芍陂。入汉为安丰县之地，周回一百许里，溉田万顷。有水门三十六，门各有名。有滚坝一，有石闸二，有杀水闸四，有湢水桥一。有圳、有竭、有堰、有圩，时其启闭盈缩。有义民、有塘长、有门头、有闸夫，而一视司牧者为治不治。乾隆三十五年冬，基奉命任此土，士民李绍伶等请曰："安丰塘时事补绽，乃足灌溉。今凤凰皂口闸、众兴集滚坝隋剥不治，且大坏。

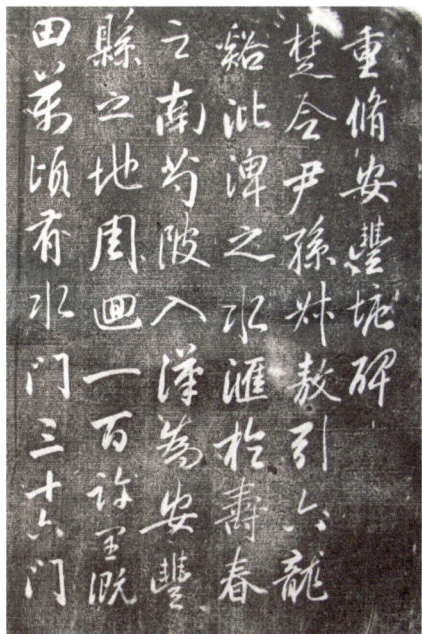

图4-25　本州邑侯郑公重修芍陂闸坝记（乾隆三十七年，局部）

虽治，厥功剧艰，愿按田敛资用，自集功，不敢费于官。"基曰："事孰有善于此。"为白其事于上官。报曰："可。"于是鸠资傲功。近水之田一万九千八十亩，亩输银三分四厘；次去水稍远者二万三千四百亩，其数杀十之一；又次去水尤远者三万四千二百亩，其数杀十之三。凡田七万六千七百亩，银二千四百两者奇。修凤凰闸深六丈二尺，掣中而外射，中广三丈三尺，外四丈二尺，梁其上以便行者。皂口闸广四丈，址齐水而迤下，溢则流，否则止。两壁隆起如坁，高寻一尺。坝制与皂口闸同，深广如之。凡石丈一千三百七十，椿不及丈者，四千六百二十，灰竹麻铁之属皆四百斤。为工五千二百，用人夫二千四百。既又易楚相祠而新之。工兴于三十七年五月四日，凡四越月而工竣。董其役者，州同知赵君隆宗，正阳司巡检江君敦伦；袊士则李绍伦、周官、沈装似、陈宏猷、李猷、程道乾、梁颖、戴希尹、邹谦、李吉、陈倬、张锦；义民则金向、余加勉、潘林九、桑鸿渐、李贵可、余金相；塘长则刘汉衣、张谦、江厚、江天绪、江必，咸有成劳。铭曰：忠惟佐霸，仁以保民。寥寥千祀，厥惠犹颇。期思之陂，开自楚疆。周回百里，门埂相望。胡俾斯坏，不为保障。乃勤乃治，尔财尔力。增倍卑薄，作固石淄。昀昀其原，泱泱其流。稑人喧忭，嘉谷无忧。乃新庙祀，以觉报休。凡厥古制，废兴以时。其兴孔艰，废由不治。漳渠郑泾，存其余几。永保勿替，以告来兹。

（引自《芍陂纪事·碑记》）

（九）本州候选漕标守府聂公重修孙公祠记

本碑刻记载了乾隆五十九年（公元1794年）寿县候选漕标守府聂乔龄捐资修治孙公祠的前后经过，全文如下：

寿之南，有安丰塘者，灌田数万顷，连阡皆膏腴也。其利兴于楚相孙公叔敖，民食其利，因立庙以祀焉。是塘属州佐管理，而祠即滨塘之北。凡莅任者巡视塘事，必肃诚谒其祠。春秋举祀不衰。但庙制浸古，颓废为忧。数赖于后之人补葺而修治之。而捐资以成其事者，每难其人。今岁，余奉上委佐理寿邑，因阅塘谒孙公旧祠，见其垣墉完固，栋宇辉煌若新建者，询于僧众，始知为今兹所重修也。倡于前郡佐升任婺源县知县沈君恕，成于塘右候选漕标守府聂君乔龄。而监其工者，则塘之旧董事生员陈子倬也。其后之大殿，左右夹室中之戏楼，东西二厢，前之仪门、山门并东之颜公祠，皆因旧制而撤盖更新之。

其东复立角门以便出入。计砖瓦、木石、灰油、麻铁工价之属，费钱七百八十四缗有奇。余闻而义之。盖祀孙公者，所以报其德也；修祠者，所以永其祀也。然非沈君之捐俸首倡，则其事不举；非聂君之仗义捐修，则其事不成；非陈子之身任其劳，则其功不竣。均不可以不志，爰书于石，以为后之好善乐施劝。

署寿州同知吴希才撰

生员　胡珊　书丹

乾隆五十九岁次甲寅五月中浣　毂旦　立

碑存孙公祠内

（十）聂氏重修孙公祠记

道光二年（公元 1822 年），聂乔龄重修孙公祠之后二十余年，孙公祠又颓坏，其侄等人又捐钱修治。孙公祠得以长存，聂家功劳巨大。全文如下：

寿春，古名区也。余宦游斯地，巡视郊野，至城南数十里有安丰塘，塘崖有祠，遥而望之，庙貌峥嵘，墙宇重峻，不识其所祀何神也。询诸父老始知其为孙公祠。盖孙公为楚相时，开阡陌，即田功，乐利之休赖及百世，故至今公其德者，犹歌咏弗衰。及谒其祠，轮焉奂焉，耳目一新，遂徘徊者久之，意必士人感其德而始建者，僧众向予言曰："祠之建，由来旧矣！其所恃以永存者，聂氏之功居多也。"聂氏世居塘右，其先人聂乔龄，系候选卫守府。春秋二祀时，往来于其间，见其栋宇倾危，浸久浸废，深以为忧。由是慨然捐资修治之、补葺之。随于乾隆五十九年告竣，迄今二十余年，殿室屋宇又不无颓坏之处，其侄聂撂堂与嗣君镇藩等体先人之志，复捐钱三百一十四千有零，刻日鸠工，以成其事。夫前人有善举，不得后人之继续，则无以永其善；后人有善心，不得前人之倡始，亦无以承其善。僧众所云，祠之长存，多赖于聂氏者，其言信不诬也。予生平不没人善，用是勒石以志不朽云。

寿春镇中营游击状元丁殿甲撰文

大清道光二年岁次壬午　清和月　毂旦

（注：此碑现存孙公祠内。）

（十一）重修安丰塘碑记

道光八年（公元1828年）寿州知州朱士达，劝募环塘士民按亩捐资、贫者出力修治安丰塘。他自己带头捐资1000两。州同长君捐俸银150两，不足部分由士民许廷华、江善长捐助，共得银11760余两。是年二月开工，重修皂口闸和众兴滚水坝，疏通中心沟长50余里，挑挖塘身，增补堤埂，改修凤凰闸护坦，更换各口门石板和朽裂的木棒，九月竣工。十一月，将修塘余款修缮孙公祠。《重修安丰塘碑记》全文如下：

安丰塘者，古之芍陂也。其水之源，见于汉地理志者，曰沘水，亦曰渒水，今已湮塞；见于水经注者，曰肥水，今失其故道。惟发源六安州龙穴山者，会石堰、白堰诸河之水，以达于陂，即今水道也。陂经始于楚令尹孙叔敖，周一百二十里，灌田万余顷。淮南子所言"决期思之水，灌雩娄之野"是也。汉建初中，王景徙庐江太守，驱吏民修芍陂，境内丰给。建安中，刘馥为扬州刺史，修芍陂、茹陂、七门、吴塘诸堨，以灌稻田，公私交利，后邓艾重修之。宋齐隋以来，官斯土者，皆议修治，见于河渠诸志甚详。本朝亦屡次兴修，而未克成厥功，盖经费浩繁，无人以经理之故也。余来牧是州，询之士民，皆曰：此塘之利二千余年矣，而屡筑屡废者，其患有二：一则塘旁居民利其淤淀为田，得以专享其利，不顾塘之废也；一则上游六安之人筑坝截流，淠水不下行，其害二也。余之始倡议也，颇知其难，既而思之，事之仰于上者，或视官如传舍，以民事不关己而置之，事之待于下者，或畏吏胥之蠹蚀，或恐豪强之侵夺，是以久而弗就。余惟天下无不可集之事，无不可成之功，必信而后劳。而斯人之情，乃鼓舞而不倦，其人事之推移，物力多寡之不齐，惟公且溥，人心始帖然服。至银钱出入，夫役之勤惰，皆寿之人自为经理而董戒之。在官者一切不问，斯侵蚀无由也。乃捐廉以为之倡，州同长君亦捐银相助，环塘士民许廷华、江善长等捐资兴助，或按亩课捐，贫者出力帮办，其不足者皆二生肩之，而许生所出尤多。自二月兴工，九月藏事，而塘始成。夫兴利除弊，守土者之责也。乐事劝工，享其成者，俾无有艾，则寿之百世之利也，而余何有也？乃述其事，以告来者。

道光八年岁在戊子嘉平月中旬，知寿州事宝应朱士达记。

（摘自《寿州志·水利志塘堰卷》）（道光）

（注：此碑现存孙公祠内。）

（十二）孙公祠新入祀田碑记

道光八年（公元 1828 年）寿州知州朱士达带头捐资修治安丰塘。九月竣工。并将修塘余款修缮孙公祠，将塘之东南高埠荒地归公，作为祭田之用，所佃费用用于祠宇修茸、春秋祭祀。全文如下：

尝闻功德果垂于万世，报酬应永以千秋。窃察安丰为志，载古塘创自列国楚相孙公，环塘数百里农田咸资灌溉，旱涝无忧，其功德洵堪不朽矣！

嗣我朝康熙年间，州佐颜公伯珣，重加增筑，利赖愈广。众又在祠东偏构室三楹，奉祀如一。余牧是邑，检阅旧卷，见该塘闸坝有三，具系蓄泄巨区，今值圮废，众议整理，仅完一处。其滚坝、皂口闸修复无费，竟尔停搁，余急同司马长公捐廉兴役，仍会聚该董事许廷华、江善长等劝共出资以蒇要工。遂诣该祠，见砖零瓦碎，户塌墙颓，住持一僧，几至丐食；祀典久虚，满目萧条，大非报德酬功之意。当即与众商酌，方知祀田甚微，故至败坏如此。回署筹思，无术挽救。续闻塘之东南，有高埠荒地数段，久经附近贫民开垦约种二十余石。因即传齐，令将此出田归公，各具佃约，交祠存执。其籽粒，塘长偕僧分收，以作补葺祠宇、春秋祭享并一概塘务之用。董事随时查问，严杜弊混。庶乎庙貌重新，香烟莫旷。

孙公、颜公之功德永不泯灭焉耳。爰成爰勒诸石以志其颠末云。

特授寿州正堂朱士达　撰

董事江善长　书丹

大清道光八年九月吉日立石

（注：此碑现存孙公祠内。）

（十三）禁开垦芍陂碑记

道光十八年（公元 1838 年），江善长、许廷华等人，在皂口闸东垦田，总督命凤阳知府实地查勘后，责成寿州知州勒石永禁（见图 4-26）。全文如下：

为出示晓谕，永禁开垦，以保水利事。窃照该州安丰塘，创自楚相孙叔敖，周围数百里，灌田数十万亩，历二千余年，岁无忧旱涝，公私两利，盖令尹之泽长矣。前明成化、万历间，两被奸民私占，官夫姑息，遂使贤姑墩以北至新沟止，计五百六十顷零，俱已变为粮田，实为塘之一大厄。今南北相距六十里，东西仅十数里，底平而浅，水难多蓄，门闸齐启，兼旬即涸，距塘稍远，已有不沾其泽者，急应筹画经费，大加疏浚。诇皂口闸东及徐家大

图4-26　清道光年间禁开垦芍陂碑记

沟一带淤地，又有江善长、许廷华等未究开田，嗣饶署州详请召佃，纳租充公，批饬本府亲谒查勘，业将关系合州水利、未便开垦缘由禀奉各□宪批准在案，并请责成该州州同每岁按季亲巡一次，如有擅自占种者，立即牒州严拿究办。除集提江善长、许廷华等到案讯详外，合即出示，勒石永禁。为此，示仰附塘绅耆、居民人等知悉：所有从前已经升科田地仍听耕种外，其余淤淀处所，现已开种，及未经开种荒地，一概不许栽插。如敢故违，不拘何项人等，许赴州禀究，保地徇隐，一并治罪，决不姑贷，各宜凛遵，切切。特示。

寿州知州续瑞许道筠、州同曾怡志监立　大清道光十八

年闰四月初十日示

（注：此碑现存孙公祠内。）

（十四）重修安丰塘滚坝记

该碑建于同治五年（公元 1866 年）署凤颍六泗兵备道庐州府知府南海冼斌撰，本文记载了同治四年（公元 1865 年）寿州知州施照按亩征工修建众兴滚水坝。施工中，"熔米汁与土坚实之……次叠以砖，上覆以石，铁锭联络，无隙可间。"次年四月工竣，规模如旧。全文如下：

寿之南有安丰塘焉，旧名芍陂。水自六安龙穴山，蜿蜒而汇于此，创有堤坝，楚令尹孙叔敖所建也。

历代兴废备详《芍陂纪事》一书，迨我朝乾隆初，两次请帑改修皂口闸、凤凰闸并众兴滚坝，而环塘皆利薮焉。厥后民自为之，因循日久，坝倾水涸。乡民之耕作者，编芦苇实土为蓄水计，水暴涨，复冲毁，附坝高下之田，无岁不有旱涝患，而数千年之水利于是乎废。施君照摄寿州篆，南阅众兴，履验遗址，慨然有兴复志。集乡之耆老而谓之曰："闻旧时修筑，按亩出夫，别上中下田为三，则上田六十亩出夫一名，中八十亩，下田百亩。次第其等准免役以钱代课，尔与按亩捐输何异？葛事从其实之为便也。"佥曰："善。"又谓之曰："若所筹费购料给匠食耳，谁为负荷任役使者，吾与若约田出资佃出力分任之，可乎？"佥曰："善。"坝自倾圮，向之砖石，荡然无存，询之，则曰："奸民盗取殆尽。"曰："不然。坝之左水激成巨浸，石辗转没于水，试探之必有异。"命以桔槔数十道，穷日夜决其水，水落而石出，众咸服君之明且决。无不踊跃愿从事者，乃定议兴工。先湮塞其近坝之洼，熔米汁与土坚实之，俾不为水所窗，次叠以砖，上覆以石，铁锭联络，无隙可间，其高广蓄泄一如旧制。经始于去秋九月之望，讫今四月而告成。工既竣，属为纪其略。余惟君之治寿，惠及寿民者，何可胜道斯塘也。垂永远无穷之利，事尤巨功尤伟，故乐书之，以明良司牧民之政，且使后之人之讲求水利者，得征文以资考鉴云。

同治丙寅孟秋，署凤阳府寿州事即补府正堂山阴施照立石。

（注：此碑现存孙公祠内。）

（十五）施公重修安丰塘滚坝记

该碑为同治五年（公元 1866 年）环苟陂士民所立，记述了寿州知州施照修建众兴滚水坝的事迹。全文如下：

寿南有巨渠焉，曰安丰塘。春秋时，楚令尹孙叔敖所创建也。历秦汉唐宋元明以及我朝，代有废兴，虽规模失旧，而膏泽常新，附塘居民享其水利数千年于兹矣。所谓立久大之业于不朽者，孙公于斯塘有焉。顾莫为之前虽美弗彰，莫为之后虽盛弗传。兴一利而泽被当时，法垂后世，非贤者莫之能创；因其利而制存千古，惠及万民，亦非贤者莫之能继也。然则斯塘也，为之于前者，孙公之全功，诚莫与京，苟无人焉。为之于后，吾恐孙公之泽之斩久矣！则凡守斯土而关心民瘼、有以继孙公之志，缮修补葺于其间者，其功不诚半之也哉。我州主竹香施公，渐之山阴人也。于同治癸亥来署是邦，下车伊始，濒于塘之左，驻旌节焉，询悉恩波之广远，太息闸坝之倾毁，慨然有兴复之志。适吾寿甫历兵燹，民力未赡，公又勤劳于善后诸务，未暇遽议及斯。然公常耿耿于心，而未之忘也。盖斯塘初制宽

宏，后渐□隘，不能容纳原水，于众兴集南建滚水石坝，所以泄涌流，亦以障平水也。涌而无泄则塘溢，平而无障则塘涸，斯诚尽美尽善之良规，而塘之兴废所攸系也。此坝议建于雍正八年，因捐资不敷，延至乾隆二年，请帑助修而坝始成。坝跨建于寿六相达孔衢，上敞无梁，其下流向本有桥，以便商旅。后此桥冲毁，而车马行人践踏其上，震动崩裂，水易冲突。复经奸民乘乱盗其砖石，遂大倾颓。嗟呼！此坝一废，庸讵知数千年之遗泽不自今斩乎？数万家之利赖不自今绝乎？数千金之钦工不自今坠乎？乃环塘士庶震于工程浩大，将因循而寝阁之，从未有以此上请于公者。公虽有志兴复，而地方振作无人，公亦将不忍而与，此终古已乎。然而，公常耿耿于心。而未之忘也。越二年乙丑秋八月，公南阅至众兴，履验此坝，目击而心痛之。爰为近塘从事者言曰："存此坝，始克存此塘，存此塘，始克存此附塘之田，是非尔众庶分内事耶？何苟且偷安乃尔！"夫难于图始，乐于观成者，人情也。如谓兴此大工，难免赋役之怨，或有梗阻之情，惟予一人任之，尔众庶其无恐。"于是回辕时即缘道粘示发谕，鸠资促工，并偕州佐心田林公同赞襄焉。于九月望后工兴，凡七阅月，至本年四月工竣坝成矣。公后饬令坝之附近地方建桥其处，并鉴上年冲毁之由，改置上流，以期永坚。桥既永坚，则可以常便商旅，商旅便则免践踏震动之虞，而坝愈可久保矣，所谓一举而三善，备焉者，非与噫是。公之关心民瘼也是。公之克继孙公之志也，是数千年之遗泽将斩而复延，数万家之利赖将绝而复续，数千金之钦工坠而复举也。是不独有以惠今人，而并有以慰古人；不独有以恤民生，并有以存国典也。然则，公之此举不诚与历代诸公之尽心斯塘者同，半其功于创建也哉？谓以是颂，公之功德，曾不足道其万一，特叙大略，以志不忘，俾后之存所鉴焉云尔，是为记。

同治五年次丙寅仲秋月环塘士民　立石

（注：此碑现存孙公祠内）

（十六）光绪龙飞乙丑之春，寿州第一水利碑

光绪己丑年（公元1889年），为加强管理，寿州知州宗能徵在芍陂所立水利管理碑刻。全文如下：

寿州第一水利碑

会稽宗能徵识

分州宗示

一禁侵垦官地。

一禁私启斗门。

一禁窃伐芦柳。

一禁私宰耕牛。

一禁纵放猪羊。

一禁罾网捕鱼。

（注：此碑现存孙公祠内。）

（十七）安丰塘孙公祭田记

尝观古来圣贤，凡有功德于民者，无不立庙设像以祀之。而祭祀之品物，必俟田亩之出办。故孟子曰：惟士无田，则亦不祭。诚哉，祭与田之相表里也，明矣。即如我孙公之创兹芍塘也，泽被一时，利济万世，其功其德大且久也。后人正祀，不为谄也。惜乎祭田之失传，虽有滁太守孙公置田一十四亩，

坐落新开门下，犹未足以备四祭之需。迨康熙三十八年间，州司马颜公，慨然以修塘之水利为己任，功成事竣，既喜其后民之乐利复兴而追远报本，更虑夫先贤之血食糜存。因廉得皂口闸旁古荒公田一十六亩，又查得文运河久废官田六十六亩，每年收租四十石有奇，庶乎祀事之有赖矣。然田多窵远，佃户零星。收租之时必需公差督催，不能以敷其数，住持秀朗往往患之。谋诸士民，同吁州刺史金公，饬令各佃人等照依时价，各买各人所佃之田，永为己业，众姓悦从，共得银叁佰贰拾两有零。一买刘姓民田五十亩，坐落西首门，价银壹佰伍拾两；一买杨姓军田贰拾亩，坐落新化门，价银壹佰玖拾两，均载红契，住僧收执于祠，今而后田属于庙，百世不易，神享其祭，千秋永垂者矣。余身衰朽，笔墨久疏，何敢冒昧为文？只因住持固请，重违僧命，仅将祭田原委叙明勒石，庶几信传后云尔。

　　生员　　沈湄　沐手拜撰

　　署理凤阳府知府事凤阳通判　　徐廷林

　　寿州正堂知州　　　　　　　　金弘勋

　　同知　　　　　　　　　　　　何锡复

　　（注：此碑现存孙公祠内。）

二、孙公祠

　　孙叔敖创建芍陂，惠泽后世，绵延2600多年，也得到了后人的爱戴和纪念。孙公祠是当地民众祭祀孙叔敖的地方，最迟创建时间在北魏，北魏《水经注》载："有陂水北径孙公祠下"，可见此时已有孙公祠。孙公祠原建在芍陂北大堤上，东有老庙，西有安丰故城，面迎陂水。据《寿州志》载，明清两代对孙公祠迭

图 4-27　孙公祠（20 世纪 80 年代）

有修葺。明成化十九年（公元 1483 年），御史魏璋"重修之"；成化二十二年（公元 1486 年），知州刘概"增葺之"；明嘉靖二十六年（公元 1547 年）知州栗永禄复修之；清顺治十二年（公元 1655 年），知州李大升，因为孙公祠简陋，改建大殿在大树南（银杏树）；清康熙四十年（公元 1701），州同颜伯珣改建大殿在树北。《孙公祠庙记》中记：当时祠有"殿庑门阁凡九所二十八间，僧舍三所九间，户牖五十有七户"，正门三间，高八尺，广七尺五寸，长一丈六尺。门首嵌有五块砖刻"楚相孙公庙"（现存碑厅内）。乾隆五十九年（公元 1794 年）寿县候选漕标守府聂乔龄捐资修治孙公祠，此后二十余年，聂乔龄之侄等人又捐钱修治，经过乾隆年间多次修葺，孙公祠形成一套祠宇制度。在嘉庆年间，有正殿三间，东西耳房各两间，东西庑各三间，崇报门楼三间，客堂三间，僧堂三间，厨房两间，院门一间，大门三间，便门一舍。孙公祠现位于寿县南 30 千米，坐北朝南，占地 3300 平方米，

图 4-28　孙叔敖纪念馆（2016）

129

建筑面积 525 平方米。现存有山门三间、还清阁（崇报门楼）两层 6 间、大殿 3 间、东西配殿各 3 间、回廊以及围墙等。

1995 年，孙公祠产权划归寿县文物局管理。2007 年，经省文物局批准，孙公祠更名为孙叔敖纪念馆。2008 年开始，免费对外开放。

三、诗歌

安丰张令修芍陂

［宋］王安石

桐乡赈廪得周旋，芍水修陂道路传。

日想僝功追往事，心知为政自当年。

鲂鱼鳎鳎归城市，粳稻纷纷载酒船。

楚相祠堂仍好在，胜游思为子留篇。

芍陂行色诗

［宋］司马池

冷于陂水淡于秋，远陌初穷到渡头。

赖是丹青不能画，书成应遣一生愁。

过楚相祠

［明］王邦瑞

百里陂塘峙楚祠，千秋伏腊动人思。

爱存堕泪非残碣，功似为霖岂一时。

寓芍陂塘祠

［明］郭公周

停骖白芍陂，问俗系遐思。

相业随流水，波光拥旧祠。
春回千姓稿，遥忆百年规。
更喜循良在，芳猷照断碑。

改修芍陂滚水石坝记事

〔清〕段文元

安丰兴废自何时？瓦砾如丘接芍陂。
市井不堪寻古迹，乡人约略指城基。
孙公祠在芳湖边，古树残碑夕照偏。
闻道环塘三百里，于今多半是桑田。

芍陂堤上课各门监者种柳

〔清〕颜伯珣

我昔独卧泗水春，十年身老渔樵人。
园中高阁临河漘，千柳万柳相映新。
我今淮南末僚列，许身难比稷与契。
操筑日日芍陂头，种柳犹课春时节。
汝柳尽生我当归，十年白发头更非。
不见此老汝应悲，须忆陂岸种柳时。

春大筑芍陂即答刘生

〔清〕颜伯珣

志士勋名岂尽同，当年孙邓在安丰。
将军颇壮吞吴策，相国何惭缵禹功。
击鼓茅祠犹野祝，开帷玉佩自春风。
腐儒实少筹时力，版筑难通利济穷。

改建楚相国孙叔敖庙乐神章

〔清〕颜伯珣

浩浩长陂水，皂口东北流。巨堰若四塞，阡陌罗九州。

陂水广且深，不独美田畴。神物奠攸居，膏润坐兼收。

灵藏百宝兴，庶几厌诛求。淮南赋常绌，暂纾公私忧。

陂成庙奕奕，河洛感王休。蕙绸郁兰籍，灵来若云浮。

红女结舞队，髦士扬轻讴。陂梗郁芯芬，陂菱杂庶羞。

神功不可极，好乐常思忧。勿令弃尔劳，残歌听者愁。

皂口

〔清〕颜伯珣

南陂百里水，此道镇常流。

赤岸为迥斡，沧州欲尽头。

灌输吞郢蓼，吐纳见谋猷。

六代贤君相，无徒霸国羞。

十月安丰大筑西堤寓李莫店旧馆感成四十韵

〔清〕颜伯珣

吾衰少安居，四寓主人屋。

虽匪行迈日，旅食恒迫蹙。

寒暄自屡殊，人事亦反复。

向者五绛桃，蒸为爨下木。

其岁在著雍，此华创吾目。

四壁尽白云，凭凭应前麓。

公功杂幽兴，春气郁逾淑。

省檄清晨下，公徒辍何速。
旌旗歘舞色，父老向我哭。
自兹理长楫，征人去三伏。
邵宝天吴怒，波涛压百谷。
性命呼吸存，出险方觳觫。
惊定旋作疾，疟鬼旬乃戮。
豺狼当天关，裂眦厌人肉。
帝阍五尺悬，霰雪迷梁陆。
惭类子敬主，厄遭文公仆。
京洛盛亲朋，言归伤采逐。
踉跄偷入门，老妻进羹粥。
相对颇无欢，世谷不足讟。
悄悄萎冰蕙，怅怅失银鹿。
荣枯物莫凭，遑恤及嬴缩。
故旧逝将尽，老岂恋微禄。
况乃升斗绝，但忧在公𫗧。
乞归归未得，臣岂昧昔夙。
末僚亦名器，志士在沟渎。
美陂三千年，苍生命由畜。
上实愧股肱，下焉辞版筑。
灌输田万顷，锁钥三十六。
矫首望昔贤，未自顾驽碌。
陂功数载余，陂民无饱腹。
作苦冀稼甘，喜兹慰所祝。
庾积属不收，群类蕃始育。

133

晴波市鱼菱，晚景喧樵牧。

鸿洞赤岸水，荡摇青宴竹。

斗牛搴裳上，蟾蜍濯手掬。

宫庙势参差，倒影穹地轴。

鸳翠循楯鸣，鹈青隔帘宿。

草木十月交，花实纷馥郁。

重来劝冬作，胜概羡若族。

茅檐烛花深，长吟激幽独。

芍陂

[清] 方育颖

因川成利费经营，遥望东南尽稻粳。

宿渚鸥凫迷近远，随波荇藻任纵横。

支渠派引千畦润，陇亩村连百室盈。

流泽于今还未艾，试听放闸鼓歌声。

同方蟠三安丰城晚眺

[清] 夏俱庆

结伴寻幽境，来过废县中。

深林隐古寺，落日映丹枫。

城郭埋荒草，楼台叹转蓬。

芍陂犹未改，流水自西东。

咏楚相孙公

[清] 魏芳田

虞邱一荐步青云，相楚才名独绝群。

夏水冬山真善政，中权后劲实能军。
夷吾霸业争殊烈，鬭谷忠贞并勒勋。
留得一塘千古利，寿阳黎庶不忘君。

芍陂杂咏

〔清〕桑日青

西风十里藕花香，红萝滩边鸥鹭凉。
一带长堤衰柳外，家家鱼网晒斜阳。
水禽时掠浅滩飞，烟霭苍茫接翠微。
好是轻风人放棹，红莲采得满船归。

楚相祠

〔清〕桑日青

安丰旧县草芊芊，楚相祠堂尚宛然。
人去寝邱思未已，门临芍水泽常绵。
残碑卧路淋秋雨，古柏撑空带晚烟。
优孟衣冠今在否，环塘俎豆自年年。

读夏容川芍陂纪事书后

〔清〕桑日青

珥笔居然信史俦，千年废坠一朝修。
家声直欲绵骢马，著述居然继夏侯。
博采风谣追大雅，敷陈要害寓良谋。
芍陂纪载悲零落，珍重新篇不易求。

孙公祠怀古

[清] 宗能徵

巍巍难继楚臣讴，令尹功名奠未休。

叔季雄风犹耳熟，荆襄霸业属谁谋。

丹心早已输千古，感德今传第几秋。

俎豆虽残遗泽远，芍陂清浅好田畴。

寿阳怀古

[清] 黄镐

寿阳访古暂停鞭，极目关山思渺然。

吴越岂知梅福志，安丰还知董生贤。

鸟依帆影淮河外，鹤唳风声草木前。

莫谓阴功无显极，叔敖恩德古风传。

表 4-6　　　　　　　　芍陂灌溉工程遗产及非工程遗产清单

类别	类型	描述
工程遗产	蓄水工程	芍陂，周长 26 千米、蓄水面积 34 平方千米、最大库容 9070 万立方米。
	环塘水门	进水、灌溉、泄洪涵闸 21 座：塘口闸、洪井、大林、渔苗站、西楼、南场、团结、老庙倒虹吸、老庙、利泽门、新开门、团结门、戈店节制闸、新化门、安清门、新兴门、黄鳝门、祝字门、沙涧门、八大家、陈家门。
	灌溉渠系	分干渠 2 条、支渠 54 条、斗渠 151 条、农渠 298 条，总长 678.3 千米；渠系配套的进水、节制、退水等闸数百座。
	防洪工程	众兴分洪闸、老庙泄水闸等。
非工程遗产	祭祀建筑	孙公祠：始建时间最迟在北魏，现存有山门三间、崇报门楼两层 6 间、大殿 3 间、东西配殿各 3 间、还清阁、回廊以及围墙等。

类别	类型	描述
非工程遗产	文物	楚相孙公庙砖刻：北魏，4 块，砖雕门楣。
		"都水官"铁锤、铁渔叉、铁渔钩、铁犁铧等。
	文献资料	《芍陂纪事》：清嘉庆六年夏尚忠编，光绪三年刻印。［明］嘉靖《寿州志》、［清］乾隆寿州志、［清］道光寿州志、［清］光绪《寿州志》。诗歌 18 首。
	碑刻	明清碑刻 19 方。楚相孙公传碑铭、分州宗示碑铭、重修孙公祠记、寿春古名区也碑、安丰塘塘图、孙公祠新入祀田碑记、安丰塘孙公祭田记、重修安丰塘碑。

第三节　芍陂的价值

芍陂是水利工程可持续利用的典范，工程历史悠久、工程体系规划科学、设计巧妙，以最小的工程量实现最大的水利效益。芍陂传承 2600 多年来，见证了淮南地区社会经济的发展，支撑了当地的农业发展，创造了特有的区域农业生产形态，并衍生出丰厚的用水、管水文化，它带给现代和未来的影响是多方面的。通过深刻地认知并科学保护传承，让这一悠久的水利工程持续充满生命力，将会对当代水利遗产的保护传承起到典型的示范作用。

一、多元的水利效益

2600 年来，芍陂历经沧桑，持续在灌溉、防洪、水产养殖、供水等方面发挥着重要作用，是淮南地区经济社会发展的历史见证。历史上，芍陂还有航运的功能。现代芍陂还发挥着重要的水产养殖、供水等功能。

（一）灌溉功能

芍陂从创建之初就持续发挥灌溉的功能。芍陂初建时，陂周长120里，东汉王景治理芍陂时，其灌溉效益能使寿县"境内丰给"。三国时期，刘馥、邓艾在江淮之间屯田，大兴芍陂灌溉之利，使寿县一带连年丰收，一片繁荣景象。隋代赵轨扩建三十六水门之后，芍陂灌溉效益进一步扩大，唐代更是达到了灌溉万顷的高峰。宋皇祐五年（公元1053年），王安石到桐乡去赈廪路过芍陂，写了《安丰张令修芍陂》一诗，称赞张旨修治芍陂的事迹，其中"鲂鱼鱍鱍归城市，粳稻纷纷载酒船"更是反映了芍陂当时的灌溉效益。元代在芍陂屯田颇具规模，效益也颇为显著。元代后期至明清，芍陂被地主豪绅大肆侵占围垦，塘的蓄水面积日渐缩小。但是经过清代的多次维修，尤其是康熙年间，对芍陂进行了连续7年的修治，灌溉面积达到五千余顷，使明末濒临破败的芍陂恢复了生机。20世纪上半世纪，由于社会动荡，芍陂工程破损多、修治少，灌溉功能只能得以微弱维持。1949年至1953年，整修了塘堤，堵复溃口，疏浚淠源河，灌溉面积达到16万亩。1954年至1957年，加高了塘堤，挖通了支渠和斗农渠360条，灌溉面积增加到31万亩。1958年，芍陂纳入淠史杭灌区，至1959年，灌溉面积达到60万亩，1962年以后，建成了淠东干渠，年年整修芍陂，灌区逐步配套。

芍陂为灌区粮食及其他农作物丰收提供了有力保障，芍陂自淠东干渠年平均引水量2.6亿立方米，灌溉面积67万余亩。目前寿县154万亩耕地，有一半以上有了安丰塘的浇灌从而实现旱涝保收。寿县因此成为全国重要商品粮生产基地，粮食产量占全国1/300。灌区农业是当地经济的主要产业，农业生产是灌区内人民的主要经济收入来源，农业特色产业是当地居民就业增收的主要来源。2019年，寿县获评"实施乡村振兴战略实绩考核优秀单位"。2020年寿县农牧渔生产总值102.6亿元，全县农村常住居民人均可支配收入13348元。此外，芍陂水质较好，水草丰茂，适合鱼类生长，生态养殖与观光农业也成为灌区农业发展的重要方向，对促进当地农民就业、带动乡村振兴起到了重要作用。

（二）防洪功能

芍陂除了灌溉之外，还兼具防洪功能。现状防洪工程主要有二：一是淠东干渠入塘之前，在双门建有分洪闸，上游来水过多时经由杨西分干渠排泄入淠河，这是芍陂防洪安全的第一道屏障；二是塘堤东北部的老庙泄水闸，汛期塘内水位过高威胁陂塘安全时，由此排入陡涧河。除此之外，环塘东部、南部还有一条中心沟，排泄局部涝水入陡涧河。这些防洪工程在很大程度上保障了灌区的安全。

（三）航运功能

芍陂在历史上也有一定的航运功能，最早始见于三国时期。据《芍陂纪事》记载，邓艾于芍陂一带屯田时，开大香水门，引塘水直达寿县城濠，后又经淝河入淮河，作为运粮之道。宋代，芍陂的航运呈现"粳稻纷纷载酒船"的景象。《道园古录·刘济墓碑》载，元至元二十四年（公元1287年），刘济在芍陂屯田，"凿大渠，自南塘抵正阳，以通运输"。明清两代，在历史文献中，未再见有芍陂航运方面的记载。1949年以后，改善了水源条件，兴建了干、支渠道，增加了芍陂的航运里程。淠东干渠、迎河分干渠、正阳分干渠均可通航木船和机动船只，南自六安市，北达瓦埠湖入淮河。灌区内水路可达众兴集，阁店、杨仙、双门铺、老庙集、迎河集、戈店、寿县城等大小集镇。通航里程共 150 多千米。年吞吐量 20 万至 25 万吨。20 世纪 80 年代，芍陂的航运功能已经终结。

（四）水产养殖功能

古芍陂水草丰茂，适宜鱼类生长，但均为自然繁殖。1955 年，寿县人民委员会派 3 名工作人员驻芍陂，配合区、乡政府管理渔政。1957 年成立寿县安丰塘水产畜牧场，下辖 12 个分场，职工 1120 人，属寿县人民委员会领导，开展渔、牧业生产经营。1964 年改为寿县安丰塘水产养殖场，下辖 4 个分场，职工 151 人，渔民 153 户，隶属寿县农林局领导。1955 年至 1964 年，累计采购鱼苗 7244 万尾，投放入塘 5916 万尾，平均每年投放 590 万尾。1965 年开始人工繁殖鱼苗试验，当年繁殖白鲢鱼苗 30 万尾。以后，逐步繁殖鲤、鲫、草鱼等鱼种。20 世纪 70 年代起每年繁殖鱼苗约有 1 亿尾左右，达到自繁自养有余。1965 年至 1985 年，共繁殖各类鱼苗 9.76 亿尾，培育夏花 3.24 亿尾。其中投放芍陂共 8711 万尾，年平均投放 451 万尾，出售 2.37 亿尾。

银鱼是寿县名贵鱼种之一，营养价值高，主要产于瓦埠湖。寿县原不出产银鱼，1978 年抗旱时，抽引淮河及瓦埠湖水进安丰塘，瓦埠湖银鱼被抽进安丰塘。从此，银鱼在安丰塘内繁衍生长。1985 年开始捕捞，至 1988 年，年产银鱼 2.5 万公斤左右。目前，银鱼已经成为芍陂的品牌性水产。2020 年，全县完成水产养殖面积 31.5 万亩，发展稻渔综合种养 16 万亩，完成水产品总产量 10 万吨，实现渔业总产值 23 亿元。

（五）供水功能

目前芍陂是安丰塘镇杨刚水厂的主要水源，板桥镇、安丰塘镇两镇的村民受益。此外，芍陂还是寿县县城的备用水源地。

（六）调节水资源和气候

芍陂在调配水资源、调节气候和促进生物多样性保护等方面也起到了重要作用。寿县年降水量年际变化大，年内分布不均，芍陂将蓄水和排水相结合，对水资源的时空分布进行充分调配，优化了区域的水资源配置。此外，芍陂还通过蓄积非生长期的多余水量，在作物生长期需水的关键节点及时灌溉，维持了灌区生物多样性的延续（见图4-29、4-30）。

图4-29　鹭鸣东台

图4-30　皖西白鹅

二、历史文化价值

芍陂在历史时期数次为淮南地区的农业经济提供了重要的水利灌溉条件，也使得区域经济实力提升，可见水利工程对政治经济发展的重要作用，印证了古代中国倡导"善治国者必先治水"的道理所在。

芍陂初建的目的就是为楚国疆域东扩、楚庄王争夺霸主提供了重要的粮食灌溉保障，楚国因此而兴盛，淮南地区因此而富庶。芍陂所在地安徽寿县，自春秋末年成为楚国都城长达 300 年。楚国文化也随之绵延壮大至淮河中下游地区，寿春成为历史上楚文化的另一个繁衍地。西汉至魏晋南北朝约 600 年间，富庶的淮河中游平原成为各代割据政权竞相争夺的区域。尤其是三国期间，曹魏在芍陂推行屯田制度，壮大了魏国的经济实力，为魏国与吴国之间的争霸提供了重要的坚强后盾。元代芍陂也是屯田的重要区域，统治者利用水利工程实现了对军需和粮食的保障。可见，2600 多年来，芍陂历经历代王朝的兴衰，屡经兴废，保障了我国淮河中游地区的农业发展，见证了淮河中游经济、文化、政治的发展，是水利工程与区域发展共生共存的典型代表。

历史上的芍陂作为古代著名的陂塘水利工程，营造了所在区域的自然和人文景观。根据《芍陂纪事》记载，古时芍陂有众多古迹，在清代嘉庆时期已经消失，在此之前，除了有文运河、白芍亭、丰庆亭、环漪亭这些自然景观外，还有江北水利第一坊、英王墓、邓公庙、舒公祠、安丰书院等人文景观。乾隆五十八年（公元 1793 年），寿州知州周光邻的《芍陂楚相祠》中这样描述芍陂的景象："楚相祠堂柏荫清，芍陂晴藻碧烟横。欲知遗泽流长处，三十六门秋水声。廉吏可为终可为，衣冠今古式威仪。野人欲采塘花献，刚及西风稻熟时。"芍陂还有古代八景之说："五里迷雾、老庙木塔、沙涧荷露、洪丼晚霞、凤凰观日出、皂口看夕阳、石马望古塘、利泽赏明月"，都是芍陂特有的优美景观。这些人文景观与芍陂周围的自然景观一起，构建了区域的历史文化传统，并传承至今。

三、芍陂的技术价值

芍陂巧妙地利用南高北低的地形和当地水源条件布置陂塘，体现了尊重自然、顺应自然、融入自然的建造理念。芍陂选择淠水、淝水中间的一块凹地做陂址，科学而合理：一方面只需截断原有沟涧筑坝，在低处修堤，灌溉排水可利用老的河沟并适当加修，施工比较方便，并可大大节省工程量。更主要的是上游可引淝水、涧水，水量充足，下游泄水入肥、淝达淮，容泄区宽广，陂塘利用天然凹地蓄水容量大。

芍陂由塘堤、水门、灌排渠系和防洪工程等工程设施组成，可储蓄水、调节水和引排水，由此构成一个较为完整的工程体系。塘堤是芍陂的主体工程，用土筑成，其巨大的蓄水量完全依靠塘堤来拦蓄。芍陂早期利用南高北低的地形，沿西、北两面筑堤，南面和东面因地势高，未筑堤（今安丰塘范围缩小，四面筑堤，塘堤周长 24.6 千米）。芍陂建成后，历秦至西汉未见有修筑记载，估计其堤筑得坚厚。直至东汉初，芍陂堤坝才出现废圮现象。建初八年（公元 83 年）王景大修后，重又发挥效益。以后维修芍陂也主要着重在增高培厚陂堤。水门，是进水、分水、引水、泄水的建筑物，从最初五门到隋代三十六门到清代二十八门，始终分担着芍陂的蓄泄作用。引水渠主要是淠源河和塘河，排水渠较多，都与水门相接。

芍陂最初的 5 座水门以至到后来三十六座水门的布局，都与芍陂的地形有关，利用地形的倾斜，便于排灌。根据 1959 年发掘的闸坝遗址可以推测，早期芍陂泄水水门的构筑，不是修筑闸门，而是修筑堰坝，这一方法，可能就是东汉时所称的"墕流法"，"墕"即是堰。《后汉书·王景传》记载，汉显宗曾诏王景与将作谒者王吴共修作浚仪渠，"吴用景墕流法，水乃不复为害"。则墕流法为王景所创。以后建初八年（公元 83 年）王景任庐江太守，又修复芍陂，所以水门处的堰坝可能用的是墕流法。修筑堰坝兼顾了蓄泄。该堰坝就地取材，维修方便。从堰坝的结构来看，已注意基础处理，堰身打入木桩，加强了堰的整体性，又采用两级消能，可见已具有比较高的技术水平。

芍陂巨大的库容，能储蓄大量的水资源，其发挥的作用是多方面的。一是具有显著的灌溉作用。灌溉面积广大，灌区内主要种植水稻，对发展淮南地区的农业经济起了很大作用。二是供寿春城市用水水源。三是调剂运道水量。肥水水浅时，陂水通过井门、芍陂续入肥水，使肥水保持一定的水位，利于通航。肥水运道能够通畅，是在水量不足时，依靠芍陂"更相通注"，给予调剂水量。四是滞蓄山洪。江淮地区夏秋多暴雨，芍陂巨大的库容能滞蓄当地的山洪，减少农田被淹的灾害。

四、芍陂的可持续性

芍陂是我国陂塘蓄水灌溉工程的典范，从春秋中期创建至今，持续使用 2600 余年，工程布局合理，设计巧妙，至今还大体保持着古代的工程结构，灌溉着淮南地区的广大农田，在促进寿县地区社会发展、经济繁荣和抵御自然灾害方面发挥着不可替代的作用。1988 年，芍陂列为全国重点文物保护单位。2015 年，芍陂先后被评为"世界灌溉工程遗产"和"中国重要农业文化遗产"。

两千多年来，通过官方与民间共同管理的模式，芍陂发挥着重要的灌溉效益，寿县由此形成了独具特色的农耕文化区域，以水利为中心的社会组织、生产、生活方式、文化传统延续至今。因芍陂而在灌区内衍生出许多具有区域特色的民间歌舞，如舞龙祈丰收、肘阁抬阁、寿州锣鼓、花鼓灯、大鼓书，在民间流传久远。在寿县，还流传许多关于芍陂的民间传说，如《安丰塘的传说》《孙叔敖的故事》等。此外，芍陂也是古代文人墨客吟诵的对象，留存下来许多诗词歌赋，如宋代王安石的《安丰张令修芍陂》，苏轼的《答子勉三首》，王之道的《安丰道中》等。

创建者孙叔敖以及历代治陂者，也成为后世民众纪念的对象，并由此衍生了众多的神话传说。孙叔敖创建芍陂，千秋万代，后世人民感恩其功劳，修建了孙公祠，每年春秋二季，人们都要在孙公祠举行祭祀仪式，以感念先辈的恩德，祈求风调雨顺。孙公祠还是环塘人民参与塘务、聚集议事的场所，这是环塘人民参与芍陂管理的主要途径。2019 年，孙叔敖被水利部评为"历史治水名人"，这一水利精神至今得到学习和传承。

第五章　灌区水文化

　　芍陂创建 2600 多年来，在其灌区范围内形成了特有的灌溉文化。淮南地区特有的自然地理特征决定了其特有的灌溉方式，也形成了独特的祭祀文化，留下了众多名胜古迹和节庆民俗。

第一节　耕地、人口与灌溉之间的博弈

一、独有的陂塘灌溉方式

　　楚国领地从最初江汉平原西部边缘的沮漳河流域到长江中游、汉水流域继而发展到淮河流域、长江下游的广大地区，基本上属于中国南部的富庶之地，在气候、降水量和土壤方面都具有巨大的优势条件。

　　楚国将领土扩张到淮河流域南部以后，利用当地的自然地理特征，充分发展农业。淮南区域淮河支流虽然少而短，但径流量却很丰富，河源多出于大别山地，地势南高北低，易旱易涝，水旱交错，农业生产极易受到巨大损失。而大别山北部的丘陵地区地势卑下，湖泊密布，为了保障农业收成，人们利用自然地形稍加修整筑堤，形成蓄水的陂塘，用来引水灌溉，形成了大量人工蓄水的陂塘。这种灌溉模式不仅适宜于当地的地势和气候特点，

又方便易行，工程简单，灌溉效率高。

南宋宋高宗建炎二年（公元 1128 年），黄河夺淮，此后打破了淮河的水系格局，也破坏了淮河中下游的地势与生态环境，黄河、淮河和大运河在淮安交汇，明清两代为了解决黄淮运交汇的问题，先后修建洪泽湖和高家堰，这样淮安以下河床日益淤高，抬高了下游水位，使淮河中游壅水，淮河向支流倒灌，也间接促使淮河中游湖泊群面积不断发展壮大。这一区域主要以陂塘灌溉的方式得以持续进行。

二、人口增多与灌溉用水之间的博弈

汉代以前，芍陂所在的淮南地区基本处于地广人稀、农业开发不够完善的状态。汉代景帝、武帝之后，通过灾荒移民、政治移民和招徕亡命之徒等途径，人口有了较大增长。但总体来说，两汉时期土地充裕，人口稀少，水利工程芍陂能得到足够重视和有效管理，推动农业发展，从而刺激人口进一步增长。三国时期又开展屯田政策，淮南地区荒地得到大量开发和耕植。隋开皇年间，赵轨大修芍陂，灌溉面积大幅增长，到隋代末年，江淮又沦为战场，人口大批逃离，土地荒芜，农业发展遭到了巨大的破坏。唐代统治者重视农田水利，淮南地区尤其是寿州地区，从唐代天宝年间开始，户口增长非常迅速，从表 5-1 中可以看出，天宝十一年人口增长是贞观年间的十倍还要多。宋代实行募民耕植政策，荒地大量减少。但到金人南下侵宋时期等分裂战乱年代，人口大量减少，田地大量荒芜。因此，元代以前，由于始终处于大一统与分裂统治的交替状态，人地关系矛盾并没有显现。

元代实行屯田政策，之后明清两代的统治者也采取鼓励垦荒、减免赋税、移民屯田等多种发展农业的政策，清代甚至颁布了较为详细具体的垦荒法令，耕地面积逐步增加，农业经济迅速发展。然而另一方面，明清时期社会经济也在持续发展，人口迅速增长，清朝道光年间人口增长达到历史最高峰，道光八年，寿州人口是明嘉靖二十年（公元1541年）的人口数量7倍还多。

人口急剧增长，土地开垦已经到了饱和的程度，这样就势必引起部分社会群体加大对资源，尤其是土地资源的掠夺。自元代开始，芍陂周边的人地矛盾就开始出现，到明清尤为激增。芍陂以及周边的田地因为水资源丰富，十分肥沃，豪强奸民在芍陂上游拦坝筑水，侵占芍陂为自家垦田的风气愈演愈烈，加快了芍陂的淤塞，发展到最严重的时候是清代康熙年间，时值芍陂又被损坏，塘里已几近无水，杂草丛生，当时有恶豪8人，秘密向地方官员呈请直接将芍陂占垦，当时的抚台已经批准，芍陂周围赖以灌溉的农民紧急上书了《请止开垦公呈》，芍陂才没有被废为田。到清代末年，芍陂的灌溉效益几近消失，这是人口增长与灌溉用水之间博弈的必然结果，官方、占垦者与用水户农民反复较量，最终的结果是虽然芍陂水面不断缩小，但至少得以幸存，同时也促进了管理体制不断完善。

表5-1　　　　　寿县历任人口情况统计一览表[1]

	户数	口数
西汉元始二年（公元2年）	九江郡三县（寿春、博乡、成德）30010.41户	九江郡三县（寿春、博乡、成德）156054口
东汉永和五年（公元140年）	九江郡2县（寿春、成德）12777户	九江郡2县（寿春、成德）61456口

[1] 梁方仲《中国历代户口、天地、田赋统计》《米》，北京：中华书局，2008。

148

	户数	口数
晋太康初年 （公元 280 年左右）	淮南郡 2 县（寿春、成德县）4175 户	
宋大明八年 （公元 464 年）	南梁郡寿春 690.22 户	南梁郡寿春 4750.44 口
隋大业五年 （公元 609 年）	淮南郡 3 县（寿春、安丰、霍邱）24709 户	
唐贞观十三年 （公元 639 年）	寿州 4 县（寿春、霍邱、盛唐、安丰）2996 户	14718 口
唐天宝六年 （公元 742 年）	寿州 5 县（寿春、霍邱、盛唐、安丰、霍山）35581 户	寿州 5 县（寿春、霍邱、盛唐、安丰、霍山）187587
宋崇宁元年 （公元 1102 年）	寿州 4 县（寿春、霍邱、六安、安丰）126383 户	寿州 4 县（寿春、霍邱、六安、安丰）246381 口
元至元二十七年 （公元 1290 年）	安丰 3 县（寿春、安丰、霍邱）6747 户	安丰 3 县（寿春、安丰、霍邱）36604 口
明嘉靖二十年 （公元 1541 年）	寿州 8245 户	寿州 104643 口
康熙五十年 （公元 1710 年）		寿州 27863 丁
道光八年 （公元 1828 年）		寿州 765757 口
光绪十四年 （公元 1888 年）	66983 户	寿州 379663 口

第二节　孙公祠与水神崇拜

中国封建社会对祖宗的祭祀十分重视，在水利方面亦是如此，在《芍陂纪事·容川赘言》中，提出"安丰有五要"，其中将"钦崇祀典"列在首位，以报本源，认为祭祀大典不可偏废，即便是在大荒年间，也不能"昧本忘源"。在靠天吃饭的农业社会里，修建芍陂的先贤们为这一片土地的丰收带来了有利的灌溉条件，老百姓将这些先辈神化，以期求得庇护，祈祷年年丰收，风调雨顺。

一、创建者孙叔敖

图 5-1　孙公祠中的孙叔敖雕像

芍陂创建者孙叔敖在历史的发展进程中逐步被劳动人民所神化，人们把对他的感恩、对他的敬畏延续在每年的祭祀礼仪（见图 5-1）中。

（一）三代令尹

芍陂的创建者孙叔敖是楚庄王时期楚国的令尹，令尹是楚国特有的官名，相当于我们今天的宰相。西周时期，楚国由部落联盟组成，部落联盟首领称"敖"。后来，楚武王熊通即位后，为了削弱各大部落的权力，专门设立令尹和司马两个官职。担任令尹者一般都为楚王室子弟。令尹地位略高于司马，职责是辅助楚王综理朝政，虽然也经常率军作战，但兵事主要由司马掌握。令尹职位尊显，一有过失，往往会被杀，可见这个官职的重要性。这个官职，孙叔敖的祖父和孙叔敖都先后担任过。

孙叔敖姓蒍，名敖，字艾猎，亦称孙叔，他的家族蒍氏是楚国王室子弟的一支小派别。孙叔敖祖父孙三代时期，楚国历史上发生了著名的若敖氏之乱。当时楚国政权实际掌握在若敖氏家族

（尤其是其中的斗氏家族）手里，从楚庄王的祖父楚成王开始，基本上历代的令尹都被若敖氏家族的人担任，这一点令楚国君主十分忌惮。公元前632年，晋国和楚国发生了著名的城濮之战，令尹子玉战败自杀谢罪，楚成王趁此机会分散若敖氏的权力，立孙叔敖的祖父蒍吕臣为令尹。蒍吕臣虽为令尹，却难以控制若敖氏，遭到若敖氏一众人等一致反对。前631年，蒍吕臣在一片反对声中死去，任令尹仅一年。

孙叔敖的祖父去世后，孙叔敖的父亲蒍贾，虽然幼时天赋过人，但是从史书上看，成年后蒍贾的聪明才智却都用在了官场的勾心斗角上了。他早期担任了楚国的工正（掌百工之官），依傍着楚庄王的支持，打击若敖家族，以报父仇。约在楚庄王九年（前605），他与司马斗越椒合谋，诬陷若敖氏家族的令尹斗般，导致斗般被杀。之后斗越椒升任令尹，蒍贾升任司马，主管军事。两个人取得功名之后，又开始了内斗。同年，斗越椒趁庄王北征之际，攻打蒍氏，将蒍贾囚禁杀害，驱除蒍氏，率领若敖氏族人发动叛乱，被庄王击败，若敖氏家族几乎被灭尽。这就是历史上著名的斗越椒之乱，至此，长达27年的若敖氏之乱结束了。

若敖氏之乱的整个过程，其实就是孙叔敖家族遭受变故的过程。在这场斗争中，蒍氏家族虽然是归属于楚庄王利益集团的，但是最终的结局却是若敖氏和蒍氏两大家族斗两败俱伤，蒍贾被杀，蒍氏被驱逐，作为蒍贾之子的孙叔敖此时随母亲逃到了祖父辈的封地河南期思（今河南固始淮滨一带）避祸。

楚庄王除掉了若敖氏，掌握了实权。为了防止楚国其他的家族成为下一个若敖氏，手段强硬的楚庄王在令尹一职上的设定颇有新意——架空令尹。他选择在楚国并非强族的虞邱子为令尹，将楚国

的国家集权集中到自己手中。虞邱子又向楚庄王推荐了蔿贾足智多谋的儿子孙叔敖。蔿贾曾经是楚庄王利益集团的人，在他除掉若敖氏的斗争中牺牲了生命，因此楚庄王擢升孙叔敖担任令尹。

孙叔敖担任令尹的时间文献上并没有确切记载，虞邱什么时候推荐的孙叔敖，也没有历史的记载。但是可以根据历史推算，前令尹斗越椒起兵叛乱、战败被杀的那一年，是楚庄王九年（前605年）。后来，虞丘继任令尹，又推荐孙叔敖，可见孙叔敖最早当令尹也应该是在这一年。《左传》里曾提到，楚庄王十七年（公元前597年）晋楚发生了邲之战，当时孙叔敖曾以令尹身份商讨军事，并指挥作战，打败了晋军，楚国由此取得霸主地位。六年之后（公元前591年），楚庄王去世。而孙叔敖是死于楚庄王前面三四年，也就是公元前595—前594年间，因为《史记》里曾记载孙叔敖死后数年，优孟曾向楚庄王提到孙叔敖的儿子生活贫困，楚庄王把寝丘一带封给其子。据此，孙叔敖当政大致不过公元前605—前594年这十一二年间。

（二）主建芍陂

孙叔敖担任令尹之后，积极辅佐楚庄王推行改革，整顿吏治，施教于民。他改革军队，整顿军制；改制马车，方便驾驶，利于运输；改革币制，方便百姓等，所以《史记》将孙叔敖列为循吏第一人，文中这样写道：

> 孙叔敖者，楚之处士也。虞丘相进之于楚庄王，以自代也。三月为楚相，施教导民，上下和合，世俗盛美，政缓禁止，吏无奸邪，盗贼不起。秋冬则劝民山采，春夏以水。各得其所便，民皆乐其生。

孙叔敖最重要的一点，是他抓住了治国的根本。在传统的农耕时代，农业发展是国家振兴的根本之道。在诸侯争雄、浴血拼争的年代，一个小小方国要在强国如林的夹缝中求生存、求发展，只有发展农业。而孙叔敖明白，农业的命脉在于治水。因此，为巩固楚国的东疆，孙叔敖（图5-2）组织人民在淮南地区大修水利，其中规模最大、影响最深远的就是芍陂。唐代樊询曾说："昔叔敖芍陂，能张楚国。"直接就指明了水利对楚国的强大，具有密切关系。

图5-2 孙叔敖石刻线像
（现存孙公祠）

二、孙公祠祭祀礼仪

历史时期，每年春秋两季的季月仲丁日，当地人民都会举行隆重的祭祀礼仪，由州司马行礼。在孙公祠祭祀的人物主要包括芍陂治水有功的官员、衿士和义民，正殿奉芍陂创建者楚令尹孙叔敖，感恩其千秋万代的功绩；东配明代寿州知州黄克缵，为纪念其驱逐占垦奸民的勇气和耿直；西配清代寿州知州颜伯珣，纪念其历时七年对芍陂兢兢业业的修治。东西庑还配祭汉代至清代治陂有功之48人，并以祭文仪注附在后面"木主"之后。

整个祭祀有整套的祭祀礼仪（见附录五），主祭者在祭祀前一日须审查祭祀用的牲畜，以示虔诚，叫"省牲"，省牲祭祀完以后牲畜才能够杀。祭祀当日，孙公祠内陈设齐整，主祭以下皆穿公服，整个祭祀礼仪由通赞和引赞主持。司祭的工作人员各司其职，考钟伐鼓，主祭官就位，瘗毛血，迎神。之后行初献礼、亚献礼、终献礼三礼。初献礼过程包括"诣盥洗所盥洗，诣酒樽所代跪、上香、献帛、献爵、读祝、行分献礼等。"亚献礼除了不盥洗、不读祝外，程序和初献礼过程相似，三献礼亦如此。　三献礼毕，进入饮福受胙的过程，接着撤馔送神。最后读祝者捧祝，司帛者捧帛瘗所焚烧祝帛。礼毕。

除此之外，孙公祠春秋祭祀物品都有严格的要求及摆放位置，正殿陈设的物品最丰富，除了羹、牲馔之外，还有粮食如菽、稻、麦、粱，蔬菜如菱角、藕、芡、荸荠、水芹、金针菜等，大多是当地水生蔬菜，肉类如鸡、鸭、鹅、鱼、虾，此外还要陈设猪和羊、香案、帛、爵、烛、祝文等（见图5-3）。东西配二席较正殿稍微简单，蔬菜、粮食、鱼肉相对减少，也没有祝文和香案，多了香一束和纸锞一束。而东西庑则更为简单，体现了对不同祭祀者的重视程度。与这些祭祀仪式和陈设相配的还有祭文，分别是对孙叔敖、黄克缵、颜伯珣以及其他治陂之人的祭祀，往往以"维年月日，某名谨以刚猎柔毛、清酌庶品之仪致祭于……"表达对芍陂修建、治理的先辈们的敬仰和怀念。

祭祀还少不了祭田，孟子曰：唯土无田，则亦不祭。孙公祠也是如此。清代颜伯珣时期，为了恢复庙祀，清查了荒废多年的祭田情况，包括明代滁守孙公置田若干、古荒若干，再加上文运闸废弃之后，文运河逐渐淤田六十六亩，为孙公祠办祭所用，但因田亩零星，分收不便，环塘人民公议将田变卖，又购田三顷。此外，又查得皂口闸看闸之佃所开塘内隙地若干，这些祭田的增加，为孙公祠每年春秋二季置办祭祀礼仪提供了充足的资金。

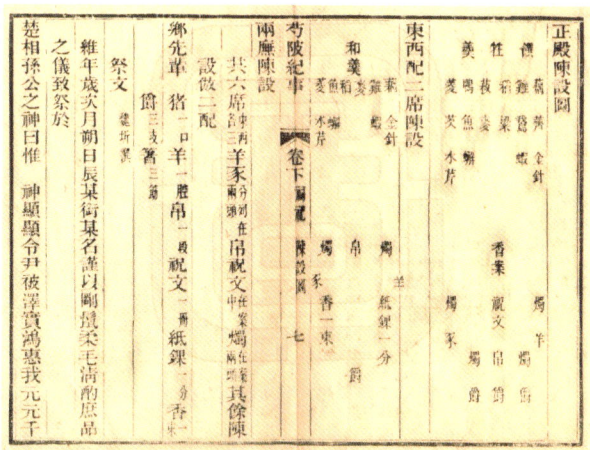

图5-3 《芍陂纪事》中关于祭祀物品的陈设记载

孙公祠不仅是求得祖先庇护的祭祀场所，还成为当地官民商议水利大事的议事场所。在某种程度上，这个地方即是神圣的象征，务必尊重和敬仰，"春秋两季，各董须齐聚孙公祠，洁荐馨香"。平日所罚之款，也交孙公祠存放，备塘务之用。

除了孙公祠之外，历史上还建有邓公祠和舒公祠。

邓公祠在芍陂北堤东端，为纪念三国时邓艾大营屯田，相传后人将邓艾屯田时驻扎的营房修复成邓艾祠，立邓公像。但何时创建，何人创建俱无考。清光绪《寿州志·壇庙卷》载："邓公祠在芍陂，祀三国魏邓艾。"《寿州志·古迹卷》载："邓艾庙在州南芍陂上，祀魏邓艾。"由于邓公祠兴建早，通称老庙。后在这里形成的农村集市，遂名老庙集。邓公祠附近有一架引水北灌的井字门渡槽，渡槽下是从东向西泄水的中心沟。相传邓公祠的大门有副"桥上水桥下水，水流东西南北；庙里松庙外松，松青春夏秋冬"的对联，至今还为人们津津乐道。该庙废于何时，

无考。

舒公祠。据清光绪《寿州志》载："舒公祠在芍陂，祀明巡按御史舒公（名失传）。"明万历四年，梁子琦撰写《按院舒公祠记》："余家住陂东南五十余里，职任银台时，侍御舒公拜命巡按南省，遇余咨寿之利病，余首举城墙当复，此渠当浚。即以询之通庠，询之父老，皆谓是不可以已。而以浚渠委之郑公，郑公毅然承命。仿周礼赈荒之遗意，来谷数千石给饥黎而役之，民争趋焉。始於万历三年十二月初四日，告成于四年三月十五日。谋祠侍御公，辟地一区，构堂数楹，旁列两庑，前设门衙，奉公之像。"该亭废于何时，无考。

据《明史》考证，成化、正德、嘉靖、万历（公元1465—1620年）155年中，有八名舒姓进士，累官至右副都御史、御史的三人。总理河道，督漕运的只有舒化一人。从修理河道到建舒公祠，年限在公元1559年到公元1565年。《明史》载：舒化字汝德，临川人，嘉靖三十八年（公元1559年）进士。万力二年以右金都御史巡抚山东。寻进右副都御史，总理河道。

总之，寿州人民对历代修治芍陂有功之人的祭祀，体现了祭祀者三方面的情感：一是对先贤的感恩与纪念；二是相信先贤神灵的存在，以求得风调雨顺、水利灌溉的庇护；三是对当世治陂者、治水者的鞭策与警示。

第三节　灌区名胜古迹

据《芍陂纪事》记载，古时芍陂有众多古迹，在清代嘉庆时期已经消失，在此之前，除了有文运河、白芍亭、丰庆亭、环漪亭这些自然景观外，还有江北水利第一坊、英王墓、邓公庙、舒公祠、安丰书院等人文景观。其中环漪亭和"江北水利第一坊"是明嘉靖中期邑侯栗永禄创建，清代已经毁废。邓公庙和舒公祠都在芍陂塘堤上，后也逐渐废弃。目前仅有芍陂亭。乾隆五十八年（公元 1793 年），寿州知州周光邻的《芍陂楚相祠》中这样描述芍陂的景象："楚相祠堂柏荫清，芍陂晴藻碧烟横。欲知遗泽流长处，三十六门秋水声。廉吏可为终可为，衣冠今古式威仪。野人欲采塘花献，刚及西风稻熟时。"芍陂还曾有古代八景之说："五里迷雾、老庙木塔、沙涧荷露、洪井晚霞、凤凰观日出、皂口看夕阳、石马望古塘、利泽赏明月"（见图 5-4），都是在芍陂的一些特定地方才能欣赏到的不可多见的优美景观。

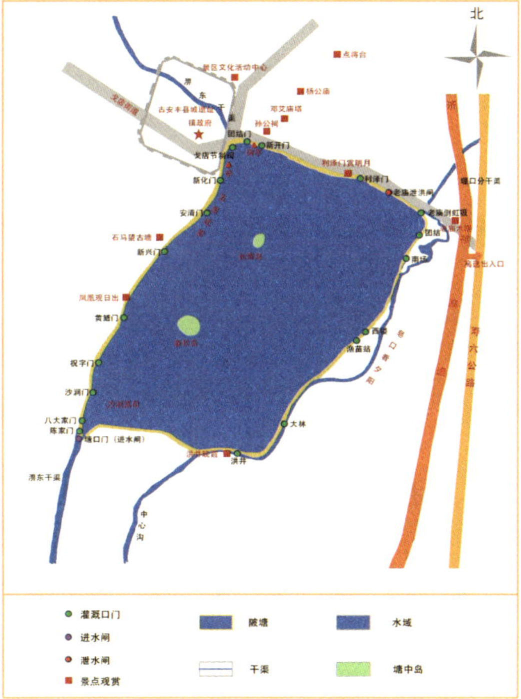

图 5-4　古代芍陂八景具体分布位置

目前灌区有芍陂亭、寿县城墙和肥水古战场、安丰县城遗址等名胜古迹。

一、白芍亭

白芍亭在安丰塘内，陂水径亭积而为湖，芍陂因此得名。亭

址在湖中西北隅，"高台岧然"。唐宣平太傅相国卢公，应举时寄居安丰别墅，尝游芍陂，见负薪者持碧莲花一朵，云陂中得之。公搜访陂内，终不可见，始知神异。清代康熙州司马颜公曾覆亭其上，盖公督夫修筑，勤劳六载，埂堤坚固，门闸完好，又沿堤树柳，绕台植荷，台上建亭，公事之暇，扁舟短棹，偕诸人士，啸咏其中。及公解任，此事遂废，亭亦无存。

清代诗人汪乔年在《孙公祠眺白芍亭》诗中写道："白芍亭何处，荒基隔水涯，我来祠畔望，秋思满蒹葭。"说明白芍亭在陂水中，离孙公祠是一眼可以看到的地方。1989 年 10 月，安丰塘大修时，在离北堤 500 ~ 800 米，离西堤 300 米处建塘中岛时，发现有南北长 20 米的碎砖瓦片，可能是白芍亭的遗址。

二、庆丰亭

庆丰亭在安丰塘西堤，因陂水灌溉，农田得利，年年获得丰收，故建亭，名曰庆丰亭。何时何人创建不详。明成化十八年（公元 1483 年）到二十一年（公元 1485 年）寿州卫戈都督工修理安丰塘。明万历四年（公元 1576 年）梁子琦在《按院舒公祠记》中有"今考一统志，寿有庆丰亭，遗址今存陂侧"的记载。

三、环漪亭

环漪亭是明嘉靖二十六年（公元 1547 年），知州栗永禄在整修安丰塘的同时，于陂之上兴建的，立"江北水利第一坊"（《芍陂纪事》）。据清光绪《寿州志》载："环漪亭在芍陂，明知州栗永禄建，今废。亭废后，移环漪亭扁悬州署，今不存。"

四、江北水利第一坊

据明《寿州志》载："江北水利第一坊"在芍陂塘前，知州栗永禄建（今存）。《芍陂纪事·名宦》载：明嘉靖丙午年，栗永禄知寿州时，建水闸四座，疏水门三六，溉水桥一。功告竣，又于陂之上建环漪亭，立"江北水利第一坊"。

《芍陂纪事·古迹》云："江北水利第一坊"，在芍陂前，明嘉靖中邑侯栗公建。今废，址亦无考。

据老年人回忆，相传孙公祠门前曾立过"寿州第一水利"碑和"江北水利第一坊"。"寿州第一水利"碑存碑厅，"江北水利第一坊"已不存在。

五、芍陂亭

1970年，寿县人民政府在芍陂西堤修建芍陂亭，1986年5月修建，1993年又复建，至今是芍陂的代表性建筑之一。芍陂亭建于塘堤西侧，位于戈店附近，坐落于堤内水面上，距堤约10米，有引桥与堤岸相连。亭身八角，双层飞檐，亭中竖一大理石碑，上为著名书法家司徒越先生狂草"芍陂"二字，遒劲豪放，碑石周围镶有混凝土石排椅，人立亭上，可尽情一览古塘胜景（见图5-5、图5-6）。

图5-5　孙公祠附近的芍陂亭，为现在芍陂的标志性建筑

六、寿县城墙

寿县地形险要，自古以来就是重要的水陆交通枢纽。明嘉靖《寿州志》载："寿阳（寿县）南引荆汝之利，东连三吴之富，北接梁陈，西援陈许，外有江湖之阻，内有

图 5-6　芍陂字碑

（此碑立于 1986 年 5 月，位于芍陂北堤东段，由安徽省考古协会理事、书法家司徒越书写。）

淮淝之固。"由于自然地理环境原因，寿县历史上多次经受洪涝灾害，但是因为拥有以城墙为代表的防洪排水系统，固若金汤，留存至今。

寿县古城墙构筑于北宋熙宁年间，南宋嘉定年间重修，呈方形，建有东、西、南、北门四门，墙体内以黏土夯筑，外壁下砌石基，上砌青砖，砖石缝隙以桐油、糯米汁和石灰为浆泥，十分牢固（见图 5-7）。

图 5-7　寿县古城墙

寿县三面环水，每当淮、淝洪水泛滥时，古城宛在水中，因而城墙的防洪功能十分重要。古人在修建城墙时充分考虑到这一特征，将城墙最低高度建得比淮河干流凤台硖石口最高水

位略高出一些，当淮河洪水快要涨至城墙顶时，就会从峡石口一泄而下，不会漫进城里，确保寿州城的安全。此外，为减少洪水的冲击，城墙的转角处还特意修建为弧形。在城墙壁脚

图 5-8　寿县城墙护城石岸

处还修筑有高 3 米、宽 8 米的护城石岸堤岸，又叫护城泊岸（见图 5-8），始建于明嘉靖年间，内口与墙根基连为一体，外口则以条石叠砌。护城石岸为整个城墙增加了一道坚固的防线，能抵御洪水对城墙根基的直接冲击。

城门之外还修有瓮城，瓮城是古代为了加强防守或者防御洪水，在城门之外再修建的小型城池，有半圆形或者方形。寿县东、西、南、北 4 座城门历史上均建有瓮城，成内、外二门之势，洪水若入瓮城，便成涡流，可减轻洪水对内门和城墙的压力。20 世纪 60 年代，因市政交通不便，拆除了西、南门的瓮城，现存东、北两门瓮城（见图 5-9）。

寿县城墙还修有排水涵洞，最早有 3 个，现仅存东北和西北两个涵洞，作用是及时排泄城内积水。涵洞之上还修建有砖石结构的圆桶状坝墙，叫月坝，高于城墙，

图 5-9　寿县古城墙和瓮城

周围又围护以厚实的堤坡，远远看去像个小山包。内壁设有石阶，可以通向坝底的涵沟，涵沟上封有石板，设闸五道，可以随时进坝启闭闸门，控制流量。月坝和涵洞（见图5-10）联合起到防洪排水的作用，月坝保护涵沟和附属闸门，避免被内河积水毁坏。涵沟经过月坝横穿城墙、护城石岸，中间设有一木塞，木塞小头朝向城内，当城内水位高于城外时，内河水通过涵道冲开木

图5-10　寿县涵洞和月坝

塞，进入涵体，将水排向城外护城河。当城外水位高于城内时，外城水通过水压将木塞塞紧内河涵管，月坝内水位也跟着升高，起到蓄水的作用，从而防止外城水倒灌入城，起到防洪排涝的重要作用（图5-11、图5-12）。

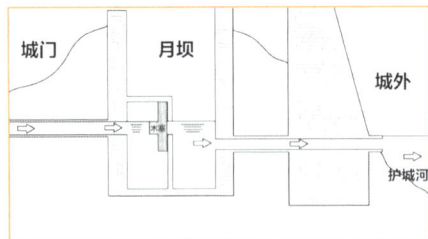

图5-11　月坝和涵洞排水系统（当城内水位高于城外时）

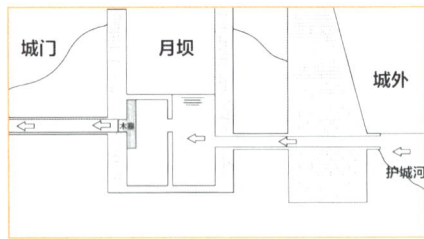

图5-12　月坝和涵洞排水系统（当城内水位低于城外时）

七、淝水之战古战场

寿县的八公山麓至今还存有著名的淝水之战古战场。公元383

年，秦晋发生淝水之战，最终拥有绝对优势的前秦败给了东晋，国家也因此衰败，北方各民族纷纷脱离了前秦的统治，分裂为后秦和后燕为主的几个政权。而东晋则趁此北伐，把边界线推进到了黄河南部。这场战争不仅再次创造了我国军事史上以少胜多、以弱胜强的著名战例，也给后人留下了一些有意义的历史掌故和可为凭吊的历史遗迹。同时还留下了"投鞭断流""风声鹤唳""草木皆兵"的历史典故，淝水之战古战场（见图 5-13）也为后人留下遗迹瞻仰凭吊。

图 5-13　淝水之战古战场

八、安丰县城遗址

在今安丰塘埂西北角处，北距县城 30 千米，西离淠河 15 千米，县城至迎河镇公路从遗址穿过。遗址平面呈正方形，四廓清晰，边长 1000 多米，墙基宽 6~10 米，墙基断面可见夯土层，层厚约 15 厘米，黄、褐、白三种土色相杂；护城河宽 20~25 米。南朝梁置安丰县，治所在寿县南，安丰塘北，明初废。城址周围分布许多唐宋时期墓葬，农田水利建设中出土许多遗物，县博物馆从此收有汉代半两铜钱、剪轮五铢钱、铁砾等，遗址西部地面瓦砾特多，可辨器形的有汉代圈底罐、灰陶绳纹井圈、青瓷碗、尖底罐等。1984 年秋文物复查时在此征集城砖两块，灰色，其一长 34 厘米、宽 17 厘米、厚 6.5 厘米，侧铭阳文"建康都统许□□"七字；其二，长 38 厘米、宽 19 厘米、厚 7 厘米,侧铭阳文"嘉定十年安丰叶知县"。唐时,隐士董邵南曾隐居于此;元末红巾军拥立小明王韩林儿建都安丰;张士诚攻安丰,刘福通守安丰城兵败走亡。明代废县为乡。遗址地为戈店乡境。

第四节　灌溉的节庆与民俗

一、肘阁抬阁

肘阁抬阁是寿县一项非常流行的民俗活动,明清时期经阜阳颍河流域传入正阳关地区。正阳关,位于寿县城西南三十千米淮河、颍河、淠河三水交汇处,素有"七十二水通正阳"之称,古称"颍尾、羊石",历史悠久,早在东周中期,已初具雏形。明成化元年(公元 1465 年)在此设立税关,正阳关因此而得名。特殊的地理位置,使正阳成为舟楫繁忙、物阜民丰的商品集散地和闻名遐迩的"淮上重镇"。

抬阁、肘阁起源于金代,每遇天旱,人们便求神祈雨,为了表示虔诚,村民们就将一对少男少女妆成侍神童子,连同神像一起抬着游行,称之为"抬阁"。一般由 6~8 个青壮抬着表演,小伙子们身着彩衣,在乐队的伴奏下缓缓而行,抬阁上的 5~7 岁左右的小演员或坐或站在扎制的阁楼上("抬阁"由此得名)、凉亭上、花轿内或一丈多高的莲花台上,面涂油粉、穿着戏服,扮作神话传说、历史故事中的人物,在行进中与下方的成人演员配合表演。整个过程场面壮观,锣鼓喧天,小演员的胆量、体力及技巧决定着演出的成败。肘阁抬阁不同点是支撑小演员的青壮表演者数量因不同形式而不同，"肘阁"是一人顶（图5-14），"小抬阁"是二人扛，"大抬阁"则是多人抬。表演需要锣鼓配合，而寿州锣鼓（见图5-15）兼具了北方锣鼓的高亢、激昂和南方锣鼓的舒缓、柔和，作为主锣的"钢锣"声音清脆、洪亮，具有浓郁的地方特色。

图5-14 寿县抬阁

图5-15 寿州锣鼓

正阳关"肘阁""抬阁"是古老的沿淮文化积淀的产物，发掘、抢救、保护正阳关"肘阁""抬阁"具有重要的价值。2008年6月，正阳关"抬阁""肘阁"入选第二批国家级非物质文化遗产名录。

二、二月二"龙头节"舞龙

每年农历二月初二是龙抬头，也称"龙头节"。寿县保义镇每年都会举办"二月二"龙灯会（见图5-16），是当地特色的传统民俗文化，已获批国家级"非物质文化遗产"项目。保义镇位于江淮分水岭，地势较高，十年九旱，百姓生活用水十分困难，被称为"晒网滩"。旧时，镇上张、常、洪、黄、夏五大家族齐聚镇南五福寺议事，同时举行舞龙表演，每姓出一条龙沿街表演，祈求来年雨水充沛，风调雨顺，五谷丰登，久而久之，形成了具有当地特色的"龙灯会"，也把这样一个日子定为整个镇舞龙庆丰收的喜庆日子。白天，鞭炮齐鸣，整个保义从北到南人山人海，巨龙狂舞在街头巷尾，外来观光游客人头攒动，竞相观看"五龙"表演，热闹非凡。入夜，则家家户户彩灯竞放，装扮出一片和谐、美丽、喧闹的夜晚。

图 5-16　舞龙祈丰收

扎龙灯采用生长多年且韧性极好的荆竹，龙头的骨架扎成后糊上彩纸，彩纸上贴满用金箔纸制成圆锥状的"鼓钉泡"，安装两个彩灯泡做龙眼，用上色的上等丝麻做龙须，把龙头装扮得目光炯炯、须髯飘飘、威风八面。龙尾是扁的，像鲤鱼的尾鳍，还有许多刺，龙头和龙尾都有许多彩色纸片做成的鳞甲。龙身由若干竹条扎成圆筒状，节节相连，外面覆罩透光效果较好的白布，里面点上蜡烛，每隔五六尺有一人掌杆，舞动起来银光闪烁，煞是好看。

三、二十四节气

寿县是二十四节气创立、流行的重要地区，地处南、北方之间，农作物丰富，一年分为一季麦、一季稻，其相关农事和习俗更为完整，一直传承至今。西汉时期，这里是淮南王刘安的封地，他在继承先秦研究的基础上，重新进行创制，与其门客进行详细编撰，最终在《淮南子》（见图 5-17）中首次将这二十四节气进行了完备的记录和阐述。

图 5-17　《淮南子》

二十四节气是我国劳动人民独创的文化遗产，它能反映季节的变化，指导农事活动，影响着千家万户的衣食住行。它是根据北斗斗柄、太阳、月亮、二十八宿标示的度数、十二月令、十二音律等和地球的运行规律而制定出来的永恒的历法。二十四节气并非《淮南子》首创，而是经历了漫长的发展过程。公元前 1200 年的殷商时期，就有甲骨文记载"四方风"，即是春分、夏至、秋分、冬至的最早记录。公元前 241 年楚考烈王"东徙都寿春，命曰郢"（今寿县），直至被秦统一，此期间《吕氏春秋·十二

月纪》中，有了立春、春分、立夏、夏至、立秋、秋分、立冬、冬至等八个节气的名称出现，二十四节气最终在西汉刘安的主持下得以完整记载。汉武帝太初元年（公元前104年），二十四节气被编入太初历，颁行全国，并在之后两千多年的历史长河里传承绵延，走向世界。2016年11月30日，体现中国古老智慧的"二十四节气"被列入联合国教科文组织人类非物质文化遗产代表作名录。

第六章　世界灌溉工程遗产与芍陂

第一节　世界灌溉工程遗产

2014 年，国际灌排委员会设立世界灌溉工程遗产项目，中国开始积极响应，这是中国第一个专业性的水利遗产类奖项。世界灌溉工程遗产的设立，对于我国挖掘、保护、利用和传承灌溉工程遗产具有重要的意义。截至 2022 年 10 月，中国已经有 60 个灌溉工程遗产被列入名录。芍陂是 2015 年第二批列入世界灌溉工程遗产的水利遗产。

一、ICID 史与世界灌溉工程遗产

国际灌溉排水委员会（International Commission on Irrigation and Drainage，简称 ICID）成立于 1950 年 6 月 24 日，是一个致力于推动灌溉、排水、防洪和河道治理事业的发展的国际非政府间学术组织。该组织通过对水与环境的合理管理以及灌溉、排水和防洪技术的应用来改善水土管理，提高灌溉和排水土地的生产率，改善全世界人民的衣食供给。

该委员会最高决策机构为国际执行理事会，设主席 1 人、副主席 9 人、秘书长 1 人。在印度新德里常设中心办公室，由秘书

长主持日常工程。截至 2019 年底，共有 78 个会员国，覆盖了全球 95% 的灌溉面积。[①]该委员会开展的主要活动包括：每年一届的国际执行理事会（IEC）、每三年举办一届的国际灌排大会和世界灌溉论坛，以及不定期举办的区域研讨会、国际排水大会、国际微灌大会等。

中华人民共和国于 1981 年成立灌溉排水国家委员会，第一任主席为崔宗培。1983 年 6 月，在澳大利亚墨尔本举行的国际灌排委员会第 34 届国际执行理事会上，一致通过决议，接纳中华人民共和国为会员国，确认中国灌溉与排水国家委员会为中国的唯一国家代表。[②]

世界灌溉工程遗产（World HeritageIrrigation Structures，简称 WHIS）是国际灌排委员会在全球范围内设立的世界遗产项目，目的为梳理和认知世界灌溉文明的历史演变脉络，在世界范围内挖掘、采集和收录传统灌溉工程的基本信息，了解其主要成就和支撑工程长期运用的关键特性，总结学习可持续灌溉的哲学智慧，保护传承利用好灌溉工程遗产。2012 年在澳大利亚阿德莱德召开的国际灌排委员会执行理事会上，由时任国际灌排委员会主席、中国水利水电科学研究院总工程师高占义发起，国际灌排委员会执行理事会批准并启动了设立"世界灌溉工程遗产"的相关工作；2013 年在土耳其马丁召开的国际灌排委员会执行理事会讨论通过了遗产申报评选的标准、程序、管理办法，形成初步管理和技术框架；2014 年开始正式在全球范围内启动遗产的组织申报和评选，每年公布一批。截至目前已公布 9 批，九年来共评选出了 140 处

① 中国水科院国际合作处提供资料。
② 《中国水利百科全书》（第二版）"国际灌溉排水委员会"词条。

世界灌溉工程遗产，分布于 18 个国家，在全球范围已经有了比较广泛的代表性。目前，世界灌溉工程遗产名录上，共有 30 个中国工程。

二、世界灌溉工程遗产的价值标准

世界灌溉工程遗产的申报项目，须由 ICID 会员国家或地区委员会推荐，每个国家（或地区）每年申报不得超过 4 项，并经由国际专家组评审，最终在国际灌排委员会于当年召开的国际执行理事会上通过并正式公布。世界灌溉工程遗产分为两类：至今仍在发挥灌溉功能（List A）；已不能发挥历史功能但仍具有"档案"价值的遗址（List B）。

申报世界灌溉工程遗产评选标准[①]

第一条：申遗工程的历史需达到或超过 100 年以上；

第二条：申遗工程需属于以下工程类型中的任意一种：

堰坝（主要用于灌溉）；

储水工程，如蓄水池；

渠道及其附属工程；

原始的提水或排水工具，如水车、桔槔、戽斗等。

第三条：申遗工程需至少符合以下条件之一：

是灌溉农业发展的里程碑或转折点，为农业发展、粮食增产、农民增收做出了贡献；

在工程设计、建筑技术、工程规模、引水量、灌溉面积等方面（一方面或多方面）领先于其时代；

---

① 摘自中国国家灌溉排水委员会 2014 年 5 月 5 日《关于组织申报世界灌溉工程遗产的通知》。

增加粮食生产、改善农民生计、促进农村繁荣、减少贫困；

在其建筑年代是一种创新；

为当代工程理论和技术发展做出了贡献；

在工程设计和建设中注重环保；

在其建筑年代属于工程奇迹；

独特且具有建设性意义；

具有文化传统或文明的烙印；

是可持续性运营管理的经典范例。

三、芍陂的价值对照

符合评选标准第 1 条：芍陂始建于春秋楚庄王时期（公元前 601—前 593 年），工程延续使用 2600 余年。

符合评选标准第 2 条：芍陂工程保留有历史时期修建的堰坝、蓄水池、口门、附属渠道工程、治水与管理碑刻等。

符合评选标准第 3 条：

芍陂的修建是淮南地区灌溉农业发展的里程碑，为区域社会经济发展发挥了基础支撑作用。芍陂修建以后，推动了淮河中游农业发展，楚国因此而富足，成为战国六强之一。此后由于芍陂的灌溉效益，淮南地区逐渐成为中国中部主要产粮区，历史上最高灌溉面积曾高达"万顷"。1950 年纳入中国最大的灌区淠史杭灌区，目前芍陂灌溉面积 67 万余亩，一年粮食产量 113 万吨，还有畜牧、水产养殖等效益，是寿县农业经济的主要构成。

芍陂是利用自然地形、筑堤蓄水灌溉的陂塘型水利工程典范。作为一项陂塘蓄水灌溉工程，芍陂充分利用了地形地势和当地水源条件，选址科学、设计巧妙、布局合理、完美体现了尊重自然、顺应自然、融入自然的建造理念。芍陂周围东南西三面地势较高、北面地势低洼，由于地处南北气候过渡带，且降水量分布不均匀，夏秋雨季极易因暴雨引发洪涝灾害，雨季过后又经常发生大面积旱灾。芍陂的创建顺应自然法则，因势利导，将淠河和南部大别山的山溪水汇集起来，利用地势落差围埂筑塘，蓄水积而为湖用于农业灌溉，达到了变水患为水利的效果。

芍陂工程在其建筑年代是一种创新，为水资源利用方式、工程规划与建筑技术发展做出了贡献，蓄水和水量调节工程具有独特性和可持续性。1959 年考古发掘，发现了东汉（3 世纪）时期芍陂溢流堰遗址，有类似现代消力池功能的建筑。溢流堰有两道迭梁木坝，当水塘水位超过最高蓄水位时，通过两级坝间的消能，最后将洪水泄至排洪沟，既能保证拦蓄水量用于灌溉，又能保证汛期陂塘的安全。产生于 3 世纪的溢流两级消能的水工建筑物，在其建筑年代是重要的技术创新。

芍陂灌溉工程管理制度具有中国传统文化烙印，是可持续运营管理的典范。芍陂是灌溉工程可持续管理的典范。西汉时期这里设有专门管理芍陂的陂官，考古挖掘出东汉都水官铁权，见证了当时国家政府行使芍陂管理的权威。19 世纪灌区用水户订立《新议条约》，这是维护基层灌溉秩序的乡规民约。此后，州令在陂侧立碑，列出六条禁令，也是约束环塘民众的水利规约。芍陂北岸的孙公祠，至今已有 1400 余年历史，保留着历史上遗留下来的碑刻近 20 方，记载了芍陂的发展历程，每年春秋二季，孙公祠都要举行祭祀仪式，在这个仪式上世代相传的用水制度被强调，管水的官员与用水户得到沟通，传承着芍陂特有的管理文化。

第二节　历史瞬间与定格

一、申遗过程

芍陂世界灌溉工程遗产的申报自 2014 年开始筹备。寿县人民政府联合水利局、农业局、文旅局等高度重视，主要开展了以下四项工作。

一是成立组织、加强领导。县委、县政府成立了高规格的芍陂申报世界灌溉工程遗产领导组，多次召开专题会议，研究部署申遗工作，多次进京汇报申遗工作开展情况。

二是加强保护、完善规划。编制了《国家重点文物（安丰塘）保护性规划》《中国芍陂水利文化建设总体规划》《中国灌溉文化博物馆总体规划》，规范了灌区水利、文化、农业和经济发展。

三是收集资料、加强研究。在水利部、中国水利水电科学研究院水利史研究所，以及国家灌排委的指导帮助下，整理了相关文献资料，挖掘了大量历史事实，相继完成了研究论文集、文艺作品集、历史与现状专题片、《芍陂纪事》重印等工作，制作了芍陂灌溉工程模型，对芍陂环塘工程设施、生态环境及孙公祠进行了整治和修缮。

四是聘请专家、指导申报。按照国家灌排委的要求，在中国水科院的指导帮助下，编制完成了《世界灌溉工程遗产申报书》、聘请安徽电视台影视中心制作了大型专题纪录片《芍陂》。

经过精心准备，2015 年 7 月，《芍陂世界灌溉工程遗产申报书》撰写完成、申遗宣传片也拍摄完成，申遗其他相关工作也准备到位。

2015 年 7 月 12—13 日，国家灌排委组织专家团队前往芍陂考察评估遗产，专家组实地考察完芍陂水利工程后，召开了芍陂申报国家水利遗产评估会，寿县人民政府代表介绍了申遗准备情况，委托技术团队进行申遗技术汇报，播放申遗视频，接受专家质询。会后，按照专家意见修改了申报书内容并提交给国家灌排委，由国家灌排委翻译成英文，再提交国际灌排委。

北京时间 2015 年 10 月 13 日，在法国蒙彼利埃召开的国际灌排委员会第 66 届国际执行理事会上，公布了 2015 年入选的世界灌溉工程遗产名单，寿县芍陂及其他两个项目入选。

二、列入名录、授予证书

2015 年 10 月，在法国蒙彼利埃参加国际灌排委员会第 66 届国际执行理事会上，国际灌排委向寿县人民政府代表授予了"世界灌溉工程遗产"的证书，至此，芍陂被正式列入"世界灌溉工程遗产"名录。

2019 年 9 月，为了更好地保护和传承芍陂世界灌溉工程遗产，寿县人民在芍陂（安丰塘）北堤孙公祠南侧设置"世界灌

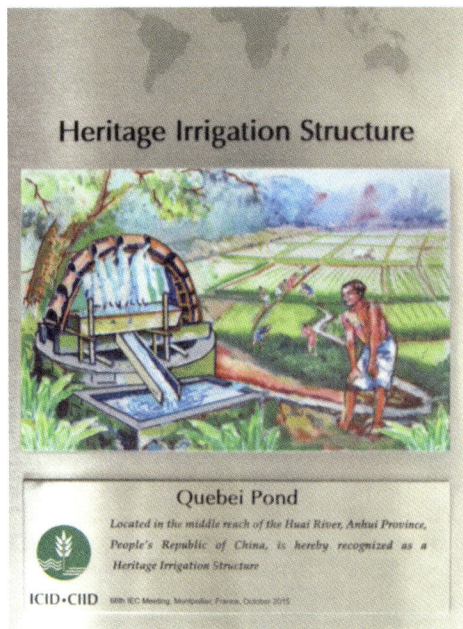

图 6-1　芍陂世界灌溉工程遗产授牌证书（2015 年）

溉工程遗产——芍陂"标识碑，成为芍陂"世界灌溉工程遗产遗产"
的标志性建筑。

图 6-2　2015 年 10 月 13 日（北京时间），法国蒙彼利埃国际灌排委员会第 66 届
国际执行理事会向寿县人民政府代表授予世界灌溉工程遗产证书

图 6-3　芍陂世界灌溉工程遗产标志碑（设立于 2019 年）

附　录

附录一　《水经注·肥水注》节选 [①]

　　肥水又北迳获城东，又北迳获丘东，右会施水枝津，水首受施水于合肥县城东，西流迳成德县，注于肥水也。北过其县西，北入芍陂。肥水自获丘北，迳成德县故城西，王莽更之曰平阿也。又北迳芍陂东，又北迳死虎塘东，芍陂渎上承井门，与芍陂更相通注，故《经》言入芍陂矣。……阳湖水自塘西北，迳死虎亭南，夹横塘西注。……此塘水分为二，洛涧出焉。黎浆水注之，水受芍陂，陂水上承涧水于五门亭南，别为断神水；又东北迳五门亭东，亭为二水之会也。断神水由东北迳神迹亭东，又北谓之豪水，虽广异名，事实一水。又东北迳白芍亭东，积而为湖，谓之芍陂。陂周一百二十许里，在寿春县南八十里，言楚相孙叔敖所造。……陂有五门，吐纳川流，西北为香门陂。陂水北迳孙叔敖祠下。谓之芍陂渎。又北分为二水，一水东注黎浆水。浆黎水东迳黎浆亭南，……东注肥水，谓之黎浆水口。……肥水又左纳芍陂渎，渎水自黎浆分水，引渎寿春城北，迳芍陂门右，北入城。……渎水又北迳相国城东，……又北出城注肥水，又西迳金城北，又西，左合羊头溪水。水受芍陂，西北历羊头溪，谓之羊头涧水。北迳熨湖，左会烽火渎，渎受淮于烽村南，下注羊头溪侧，侧径寿春城西，……北注肥渎。

① 郦道元著，陈桥驿校证，《水经注校证》卷三十二，中华书局，2007 年，749–751。

附录二　芍陂历代修治情况 [①]

时间	修治概况	出处
楚庄王十三至二十一年（约公元前601—前593年）	芍陂创始孙公，水引六安，沮注安丰，大筑埂堤，开设水门，轮广一百余里，灌田数万余顷。	《芍陂纪事》
东汉建初八年（公元83年）	王景任庐江太守，"郡界有楚相孙叔敖所起芍陂稻田，景乃驱率吏民，修起芜废，教用犁耕。由是垦辟倍多，境内丰给。"	《后汉书·王景传》
东汉建安五年（公元200年）	刘馥任扬州刺史，治合肥。合肥部界芍陂等水利，悉开治之以资军食。"广屯田，修治芍陂、及如茹七门，吴塘诸堨，以溉稻田，官民有蓄。"	《三国志·刘馥传》《芍陂纪事·名宦》
三国魏芳正始二年至四年（公元241—243年）	邓艾奉司马宣王之命，行陈项以东，至寿春兴水利，北临淮甸，南尽芍陂，淤者疏之，滞者浚之，大营屯田，每营六十人，且佃且守，复与芍陂北堤凿大香门水门，开渠引水，直达城濠，以增灌溉，通漕运。	《芍陂纪事·名宦》
西晋武帝太康间（公元280—289年）	刘颂旧修芍陂，年用数万人，豪疆兼并，孤贫失业，颂使大小戮力，计功受分，百姓歌其平惠。	《芍陂纪事·名宦》《晋书·刘颂传》
南齐高帝建元二年（公元480年）	垣崇祖，修芍陂。	《芍陂纪事·名宦》《寿州志》（光绪）

① 资料来源：［清］夏尚忠《芍陂纪事》、［明］嘉靖《寿州志》、［清］光绪《寿州志》。

时间	修治概况	出处
隋文帝 （公元 589—600 年）	寿春总管长史赵轨劝课人吏，更开三十六门，灌田五千余顷，人赖其利。	《芍陂纪事·名宦》
代宗　广德二年 （公元 764 年）	安丰，东北十里有永乐渠，溉高原田。广德二年宰相元载置，大历十二年废。	《新唐书·地理志》
宋真宗咸平间 （公元 998—1003 年）	知州崔立本躬督缮治芍陂。	《芍陂纪事·名宦》
宋仁宗天圣中 （公元 1023—1031 年）	时芍陂多被豪右分占，陂内皆成美田，夏雨溢坏，辄盗决。知州李若谷摘占田者逐之，每陂内调濒陂诸豪，使塞堤，盗决乃止。	《宋史·李若谷传》卷 291
宋仁宗年间 （公元 1032—1033 年间年）	淮南地区遭遇水旱灾害，安丰知县张旨"大募富民输粟以给饥者，既而浚泗河三十里，疏泄支流注芍陂，为斗门，溉田数万顷，外筑堤以备水患。"	《宋史·张旨传》
明永乐十二年 （公元 1414 年）	寿民毕兴祖上书请修陂，户部尚书邝埜发徒蒙霍二万人浚治之。	《芍陂纪事·名宦》《明史·河渠志》
成化十九年 （公元 1483 年）	监察御史魏璋治理占田恶民，发官银一千余两，令州陈镒、指挥使戈都、邓永合州卫兵夫役大修堤堰、浚其上流，疏水门，甃石闸，新孙公祠。	《芍陂纪事·名宦》、《寿州志》（光绪）
成化二十年 （公元 1484 年）	监察御史张萧继任，完魏璋修陂之事。后复被占种。	《芍陂纪事·名宦》
成化二十三年 （公元 1487 年）	知州刘槩堪问占陂顽民二年，未复。	《芍陂纪事·名宦》
宏治二年 （公元 1483 年）	州佐董豫甫修理芍陂，均水垦田。抚宪李昂命寿州指挥史胡、六安指挥陈钊，开朱灰革坝三道，李子湾坝两道，后因立法稍疏，顽民占种如故。	《芍陂纪事·名宦》

时间	修治概况	出处
正德十三年 （公元 1518 年）	寿州同知袁经，疏导芍陂一带水利，民以为便。	《芍陂纪事·名宦》
嘉靖年间	知州王銮大兴芍陂水利，崇尚祭祀。	《芍陂纪事·名宦》
嘉靖二十六年 （公元 1547 年）	颍州兵备副使许天伦、知州栗永禄划定退沟为界，建水闸 4 座、疏水门 36 个，溅水桥 1 座。并在陂上修建环漪亭，立江北水利第一坊，创修州志。	《芍陂纪事·名宦》
隆庆二年 （公元 1568 年）	时芍陂退沟以北至沙涧铺陂之中界又被奸民占据为田，知州甘来学又以新沟为界之，凡田于塘之内者每亩岁输一分以为常。	《芍陂纪事·名宦》《光绪寿州志》
万历三年 （公元 1575 年）	知州郑琭奉按院舒公之命，浚治芍陂。督夫挑河身，筑埂堤，百日而工竣。	《芍陂纪事·名宦》
万历十年 （公元 1582 年）	知州黄克缵逐占田奸民九十五顷田地，复为水区，增筑田埂，并立石划界。	《芍陂纪事·名宦》
万历四十三至 四十六年 （公元 1615—1618 年）	奉兵备副使贾之凤之命，知州阎同宾、州佐朱东彦、滁州太守孙文林修理芍陂，监督夫役，理河筑埂，新门闸，培祠宇，陂仍旧制，水利复兴。孙文林还捐俸置田一十四亩，存祠备祭，孙公祠祭田自此而始。	《芍陂纪事·名宦》
顺治十年 （公元 1653 年）	寿州知州李大升，度地量工，选夫千余，疏河一百四十余丈，筑新仓、枣子门二口，高厚俱十余丈，补堤岸，理门闸，月余告成。是岁夏，别地皆苦旱，为安丰有秋焉。十月中复整顿减水闸，疏浚中心两沟。	《芍陂纪事·名宦》《寿州志》（光绪）
康熙戊寅至癸未 （公元 1698—1703 年）	寿州州佐颜伯珣先后七年，修理芍陂	《芍陂纪事·名宦》

芍陂
中国最早的蓄水工程

时间	修治概况	出处
雍正四年 （公元 1726 年）	王恂督夫役修芍陂	《芍陂纪事·名宦》
雍正八年 （公元 1730 年）	寿县知州饶荷禧集环陂士民公议，在众兴集创建滚水坝一座，以泄山河骤来之水。再修凤凰、皂口两闸，以杀本地久雨之水。陂下百姓按亩输银一千余两，惜工未竣，又遭大水冲决。	《芍陂纪事·名宦》
乾隆二年 （公元 1737 年）	知州段文元请帑银三千两有奇，接修滚水石坝，并清理两闸。	《芍陂纪事·名宦》
乾隆八年 （公元 1743 年）	知州金宏勋，谋诸绅士，集人夫重修芍陂。并将文运闸废后之田，变价令置，利于分收。	《芍陂纪事·名宦》
乾隆十四年 （公元 1749 年）	寿县知州陈韶奉檄查修诸陂，请帑银一万三千两有奇，调河南河工夫日事挑筑，加打石硪，锥以注水，验土虚实，疏河道，去淤塞，补坍塌，增埂堤，四月而竣工。	《芍陂纪事·名宦》
乾隆二十六年 （公元 1761 年）	寿县知州许廷琳、州佐王天倪重修孙公祠，易大殿水料，并增换崇报门楼板，其余房廊皆因旧制修葺。	《芍陂纪事·名宦》
乾隆三十五年 （公元 1772 年）	寿县知州郑基、州佐赵隆宗以及衿士李绍佺按亩输银 2400 余两，并补修众兴滚水坝以及皂口、凤凰两闸，用工 5200，人夫 2400，后又修楚相祠，四月工竣。	《芍陂纪事·名宦》
乾隆四十二年 （公元 1777 年）	寿州同知万化成谋诸绅士，调集人夫，修治芍陂。四十四日而工毕。	《芍陂纪事·名宦》
乾隆四十五年 （公元 1780 年）	州佐周成章在任七年，分别修补砖门口缺、老庙市口缺、五里湾口缺。每到春秋农隙，即调夫役培垫低凹，遇河水涸，更大集人夫挑掘河身，增筑塘堤，修理门闸。	《芍陂纪事·名宦》

时间	修治概况	出处
嘉庆七年 （公元 1802 年）	州佐沈毓麟集合衿士议补塘堤，近埂之田者愿捐土壤，各衿士分段监视，66 日工毕。	《芍陂纪事·名宦》
嘉庆二十三年 （公元 1818 年）	士民陈厂等捐修凤凰闸。	《寿州志》（光绪）
道光八年 （公元 1828 年）	知州徐士达倡议修塘，按亩课捐，贫者出力。州人自为经理董役，重修众兴滚坝、皂口闸，改修凤凰闸，疏中心沟 50 余里，挑挖塘身筑堤，用银 17000 余两。	《寿州志》（光绪）
同治四年至五年 （公元 1865—1866 年）	知州施照集议修众兴损坝，田出赀，佃出力。以赀购料给匠食，镕米汁为土坚实之。重订条规，申禁约束。五年重修双门，八年又修葺凤凰、皂口两闸及滚坝。	《寿州志》（光绪）

芍

陂

中国最早的蓄水工程

附录三 芍陂三十六门兴废沿革 ^①

水门名	灌溉范围
1. 皂口门	《嘉》："皂口门，灌至和尚桥［和尚桥，（寿州）南四十里］十五里，由瓦埠［瓦埠镇，州东南六十里］五十余里抵东津渡［东津渡，州东八里］。" "［ ］"内文字引自嘉靖《寿州志》，下同。 《乾》："皂口门，古至和尚桥，十五里，入瓦埠河五里，抵东津渡。今废"。
2. 丼字门	《嘉》："丼字门，灌至樊陂塘及十字堰，三十里" 《乾》："丼字门，古至凡陂及十字堰，三十里。今至丁家桥，八里。" 《道》："丼字门"。 《光》："丼字门，在塘之东北，第一门"
3. 利泽门	《嘉》："利泽门，灌至皂口河，［皂河口，州东南六十里］，十二里"。 《乾》："利泽门，古至皂口河，二十里，今至王家竹园，七里"。 《道》："利泽门"。 《光》："利泽门"。
	《道》："含音门"。 《光》："含窨（原注：一作易）门，（原注：旧门考，新门考，皆无此门。）"
4. 新开门	《嘉》："新开门，灌至杨家堰，去小河八里。" 《乾》："新开门，古至杨家堰，去小河八里。今至潘家庙，四里"。 《道》："新开门"。 《光》："新开门"。

① 本表"序号"1–36，系按《嘉》顺序；中插有不标号的，如"3、4"之间，"7、8"之间，"16、17"之间，系《嘉》时所无，《乾》《道》《光》有兴时废时陆续增设。《嘉》为三六，《乾》《道》《光》均为二十八门。

水门名	灌溉范围
5. 存留门	《嘉》："存留门，灌至回回坝，十里至小河"。 《乾》："存留门，古至回回坝，十里至小河。今至柴家庙，十里"。 《道》："存留门"。 《光》："存留门"。
6. 流会门	《嘉》："灌至回回坝，十余里，与上流同会"。 《乾》："流会门，古至回回坝，十里，与存留门水合。今至回回坝十二里"。 《道》："流惠门"。 《光》："流惠门（原注：以上六门，俱在老庙集之右，孙公祠之左。)
7. 朝贺门	《嘉》："朝贺门，灌至陡涧桥，［东陡涧桥，（寿州）东二十里］三十里" 《乾》："朝贺门，古至陡涧桥，三十里。今废"。 《乾》："朝贺门，古至陡涧桥，三十里。今至白马庙，十五里"。 《道》："朝阳门"。 《光》："朝阳门"。
8. 土门	《嘉》："灌至石婆涧，三十五里"。 《乾》："土门，古至石婆，三十五里。今至姚家庙，十五里"。 《道》："小土门"。 《光》："小土门"。
9. 土字门	《嘉》："土字门，灌至苏王坝，五十里"。 《乾》："土字门，古至苏王坝，五十里。今至杨家庙，十二里"。 《道》："大土门"。 《光》："大土门，光绪十五年（公元1889年），今废"。
10. 西首门	《嘉》："西首门，灌至安基坝，十八里"。 《乾》："西首门，古至安基坝，十八里。今至戴家庵八里"。 《道》："西守门"。 《光》："西守（原注：本作首）门"。
11. 陡门	《嘉》："陡门，灌至申家桥［申家桥（寿州）南三十里］，抵州六十里" 《乾》："陡门，古至申家桥，五十里。今废"。

芍陂
中国最早的蓄水工程

水门名	灌溉范围
12. 三陡门	《嘉》："三陡门，灌至桑陂塘〔桑陂塘，东乡去城十八里；……下桑陂塘，城西南三十五里；……上桑陂塘，城西南五十里〕，马陂塘〔马陂塘，城西南二十里〕、独龙陂〔独龙陂塘、城西南三十五里〕，四十里"。 《乾》："三陡门，古至桑陂、马陂、独龙陂，四十里。今至王家庙，十五里"。 《道》："三陡门"。 《光》："三陡门（原注：以上四门，俱在孙公祠之右，安丰铺之左）"。
13. 正阳门	《嘉》："正阳门，灌至刘陂塘，四十里"。 《乾》："正阳门，古至刘陂，四十里，今废"。
14. 大香门	《嘉》："灌至米家台〔米家台，正阳西；……东正阳镇，州南六十里〕、高庙，五十里"。 《乾》："大香门，古至城东南三里桥，今废"。
15. 小香门	《嘉》："小香门，灌至酒刘桥〔酒刘桥，（州）南四十里〕新坝，十五里"。 《乾》："小香门，古至酒刘桥，十五里。今至碾盘桥，八里"。 《道》："小香门"。 《光》："小香门"。
16. 达子门	《嘉》："达子门，灌至板桥〔板桥，（州）南五十里〕七里河，十里" 《乾》："回子门，古至板桥七里河，十里。今至赵汉鲁庄，九里" 《光》：（原注：旧图……新移门右有回子门，并在凤凰闸之左，与今异。）
新化门	《道》："新化门"。 《光》："新花（原注：一作化）门。（原注：在安丰铺之右，凤凰闸之左。）"。
永安门	《光》："永安门。光绪十五年（公元1889年）设"。
新移门	《乾》："新移门，此门旧志遗脱，今补入。至蔚家桥，七里"。 《道》："新移门"。 《光》："新移门"。

芍陂 中国最早的蓄水工程

水门名	灌溉范围
17. 黄沙门	《嘉》："黄沙门，灌至清河［清河，州西南七十里］，十五里"。 《乾》："黄沙门，古至沿河，二十里。今至安城，五里"。 《道》："黄茂门"。 《光》："黄茂（原注：本作沙）门"。
18. 祝字下门	《嘉》："祝字下门，灌至板桥，十五里"。 《乾》："祝字下门，古至清河，二十里，今至板桥，十五里"。 《道》："祝字下门"。 《光》："祝字下门"。
19. 祝字上门	《嘉》："祝字上门，灌至清河，二十里"。 《乾》："祝字上门，古至板桥，十五里。今至桑家孤堆，十五里"。 《道》："祝字上门"。 《光》："祝字上门"。
20. 沙涧门	《嘉》："沙涧门，灌至清河，十八里"。 《乾》："沙涧门，古至清河，十八里，今至王家桥，十里"。 《道》："沙涧门"。 《光》："沙涧门"。
21. 永福下门	《嘉》："永福下门，灌至清河，十五里"。 《乾》：""永福下门，古至清河，十五里。今至龙雨施家庄，七里"。 《道》："永福下门"。 《光》："永福下门"。
22. 永福上门	《嘉》："永福上门，灌至清河，十二里"。 《乾》："永福上门，古至清河，十二里。今至大墩桥十里"。 《道》："永福上门"。 《光》："永福上门"。
23. 庙盘门	《嘉》："庙盘门，灌至清河，十里"。 《乾》："庙盘门，古至清河，十里。今至清河，十里"。 《道》："庙盘门"。 《光》："庙盘门"。

水门名	灌溉范围
24. 酒黄门	《嘉》："酒黄门，灌至清河，十里"。 《乾》："酒黄门，古至清河，十里。今至清河，十里"。 《道》："酒黄门"。 《光》："酒黄门"。
25. 土坝门	《嘉》："土坝门，灌至清河，十里"。 《乾》："土坝门，古至清河，十里。今至清河，十里"。 《道》："土坝门"。 《光》："土坝门"。
26. 深潭门	《嘉》："深潭门，灌至清河，八里"。 《乾》："深潭门，古至清河，八里。今至清河，八里"。 《道》："深潭门"。 《光》："深潭门"。
27. 清水门	《嘉》："清水门，灌至清河，七里"。 《乾》："清水门，古至清河，七里。今至清河，八里"。 《道》："清水门"。 《光》："清水门"。
28. 下双门	《嘉》："下双门，灌至清河，双冈，十里"。 《乾》："下双门，古至清河，双冈，十里。今至谢家冈，十五里"。 《道》："双门"。 《光》："下双门"。
29. 上双门	《嘉》："上双门，灌至清河、汪家坝，十里"。 《乾》："上双门，古至王家坝，十里。今至砖桥，六里"。
30. 脱合门	《嘉》："脱合门，灌至重佛寺，十三里"。 《乾》："沱河门，古至重佛寺，十里三。今至汪翰公坝，十三里"。 《道》："沱河门"。 《光》："沱河（原注：本作合）门"。
31. 下鸳鸯门	《嘉》："下鸳鸯门，古至鱼林城〔鱼林城，安丰塘之侧，下鸳鸯门水至此六十里〕、陈家桥，六十里"。 《乾》："下鸳鸯门，古至鱼鳞城、陈家桥，六十里。今废"。

水门名	灌溉范围
32. 上鸳鸯门	《嘉》："上鸳鸯门，灌至晏家墩，二十里"。 《乾》："上鸳鸯门，古至宴家墩，二十里。今废"。
33. 高门	《嘉》："高门，灌至黄泥坝，十余里"。 《乾》："高门，古至黄泥坝，十里。今至詹家庙十一里"。 《道》："高门"。 《光》："高门。原注：以上十六门，俱在凤凰闸之右，众兴坝之左"。
34. 枣子门	《嘉》："枣子门，灌至柳沟，十里"。 《乾》："枣子门，古至柳沟，十里。今闭"。
35. 杨仙门	《嘉》："杨仙门，灌至沙沟，十二里" 《乾》："杨仙门，古至沙沟，十二里。今废"。
36. 童子门	《嘉》："童子门，灌至沙沟，十五里"。 《乾》："童子门，古至沙沟，十五里。今废"。

附录四　清代芍陂二十八门概况 [①]

水门名	具体位置	备注
高门	双门铺南二里，水古至黄泥坝，今至詹家庙十一里（明嘉靖年间）	颜志至詹家庙十一里。
沱河门	双门铺南一里，水古至重佛寺十三里，今仍至汪家坝十三里	颜志至汪翰公坝十三里。
双门	在双门铺市中。今省并一门水，水仍颜志二门故道。	旧州志及颜志俱有上下两门，上门水古至汪家坝十里，颜志至砖桥六里；下门水古至清河双岗十里，颜志　至谢家岗十五里。
清水门	双门市北，水古至清河七里，今仍至清河八里。	颜志至清河八里。
深潭门	清水门北，水古至清河八里，今亦未改。	颜志仍故道。
土坝门	深潭门北，水古至清河十里，今亦未改	颜志仍故道。
酒黄门	土坝门北，水古至清河十里，今亦未改	颜志仍故道。
庙盘门	在瓦庙店，水古至清河十里，今亦未改	颜志仍故道。
永福上门	在瓦庙店北，水古至清河十二里，今至大桥墩十里	颜志至大桥墩十里。

---

　　① 资料来源：［清］夏尚忠《芍陂纪事》、［明］嘉靖《寿州志》、［清］光绪《寿州志》。

芍陂
中国最早的蓄水工程

水门名	具体位置	备注
永福下门	在上门北，水古至清河十五里，今至龙家庄七里。	颜志至龙雨施家七里。
沙涧门	在沙涧铺南头，水古至清河十八里，今至王家桥十里	颜志至土家桥十里。
祝字上门	在沙涧铺北头，水古至板桥十五里，今至桑家孤堆十五里	颜志至桑家孤堆十五里。
祝字下门	在上门北数步，水古至清河二十里，今至板桥十五里	颜志至板桥十五里。
黄茂门	在周家庄门首，水古至沿河二十里，今至安城五里	颜志至安城五里。
新移门	在邹家庄东边，水古至遗，今至蔚家桥七里。	颜志至蔚家桥七里。
迴字门（新化门）	在旧县中，穿城出，水古至板桥石七里，河十里，今至赵家庄九里	颜志至赵汉鲁庄九里。
小香门	在戈家店西头，水古至酒流桥十五里，今至碾盘桥八里	颜志至碾盘桥八里。
三陡门	戈家店东头，水古至桑陂、马陂、独龙陂四十里，今至王家庙十五里。	颜志至王家庙十五里。
西守门	在江家宅东边，水古至安基坝十八里，今至戴家庙八里	颜志至戴家庙八里。
大土门	在西守门东边数步，水古至苏王坝二十里，今至杨家庙十二里。	颜志至杨家庙十二里。
小土门	旧门土字门，在大土门东数步，水古至石婆三十里，至姚家庙十五里	颜志至姚家庙十五里。
朝阳门	小土门东数步，水古至申家桥三十里，今至腾家凹十三里	颜志至白马庙十五里。

水门名	具体位置	备注
流惠门	在祠东偏，水古至回回坝十里，与存留门水河流，今至回回坝十二里	颜志至回回坝十二里。
存留门	在周家宅门首，水古至回回坝十里，至小河，今至柴家庙十里	颜志至柴家庙十里。
新开门	在存留门东一步，水古至杨家堰，去小河八里，今仍至潘家庙四里。	颜志至潘家庙四里。
含窖门	在五湖店西偏，乾隆初始添设，水至江家大庄二里	古及颜志俱无此门。
利泽门	在祝家涧东偏水，古至皂河口二十里，今仍至王家竹园七里	颜志至王家竹园七里。
井字门	在老庙市西偏水，古至凡陂及十字堰三十里，今仍至丁家桥八里。	颜志至丁家桥八里。

附录五　孙公祠春秋祭仪注 ①

祭前一日引主祭者省牲，至祭所。

赞唱："就位。"主祭者就，揖一揖，行省牲礼，转至牲所以，酹酒，举酒灌牲耳，揖一揖，至祭所，揖一揖，礼毕。即退，然后杀。

祭之日，祠内陈设齐整，主祭以下皆公服诣祠，通赞唱：

"执事者各司其事，伐鼓，考钟。主祭官就位，瘗毛血，迎神，跪，叩首，三，起立。"

通赞唱："主祭者行初献礼，盥洗。"

引赞云："诣盥洗所，濯手，进巾，盥洗毕。"

引赞又云："诣酒樽所。"

司樽者举幂酌酒，代捧樽引至神前云："跪，上香，献帛，献爵，读祝，俯伏，兴。"

行分献礼，俯伏，兴。复位。

通赞唱："行亚献礼。"不盥洗，不读祝，余同初献。

三献亦如之。

三献毕，通赞唱："饮福受胙。"

引赞云："诣饮福受胙所，跪。"

递爵于主祭者云："饮福酒。"

---

① ［清］夏尚忠：《芍陂纪事》，中国水科院水利史所馆藏，清光绪三年刊印。

递牲盘于主祭者，云："受福胙，俯伏，兴，复位，撤馔，跪，叩首三，起立，送神。

通赞又唱："读祝者捧祝，司帛者捧帛，各诣瘗所，引主祭者望瘗。"

引赞云："诣望瘗位，望瘗，揖，复位。"

通赞唱："焚祝帛。礼毕。"

附录六　安徽寿县安丰塘灌溉工程计划（1935 年）

（一）缘由

安丰塘位于安徽寿县南 30 千米，为古代之灌溉蓄水库。历代以来，屡有兴废，迄今来源淤塞，塘堤颓废，灌溉之效几已全失。环塘农民，苦于连年荒旱，吁请整理。导淮委员会以事关民利水生，遂于民国二十四年（公元 1935 年）五月派遣设计测量队踏勘测量，拟将原有灌溉区域，先行施工恢复，借纾民困，并就测量所获资料编具实施计划。

（二）概要

安丰塘系就倾斜地势，筑堤围成。其水源有二：曰山源，曰淠源。二者会于两河口，乃称塘河，经四十余千米而注于塘。山源河源出两河口南百里余之小华诸山。流量全凭雨水多寡为消长，殊不足恃。淠源河水引自两河口西南约十八千米之淠河，终年有流，可资挹注。塘之西北两面，均筑有堤，共有涵洞 28 处，借以引水入渠，灌溉稻田。东南二面，地势高仰，力不能及，仅有小埝，以识塘界。塘河中部，众兴集附近有滚水坝一座，连同塘西北至凤凰扎，共有出水道三座，俾山淠两源同涨时宣泄余水入淠淮，此为安丰塘以往概况。惟目下淠源河淤塞日甚，来源无恃。塘堤颓废，亦不足以蓄积。故整治之方，首在疏浚淠源引水入塘。次则就现有塘堤，略事培整，使成一适当容量之水库，以补灌溉期内来源之不足。塘河河床尚通畅，仅需增培两堤以阻漫溢。惟淠源河疏浚后，为免洪水侵入计，应于河口建进水涵洞一座，以资节制。其各出水道之闸坝，并须附带修整，俾收效用。

（三）灌溉区域及其需水量

灌溉区域尽在环塘西北两面，约计面积123方千米，合二十万亩。主要农作物纯为禾稻，据调查所得，种植期自每年五月下旬至九月下旬，120天内之所需水量约为0.96公尺，兹并参照各种记录，规定总需水量为1.00公尺。假定降雨量与蒸发二者相抵，则全区之总需水量以体积计当为123000000立方公尺，即相当于平均流量11.9秒立方公尺。但实际需水之多寡，各期不同，大抵可分配见表1。

表1

时期	需水量		
	深度（公分）	体积（立方公尺）	流量（秒立方公尺）
插秧时第一星期	36	44,300,000	73.2
插秧后第四星期	12	14,800,000	24.5
插秧后第七星期	12	14,800,000	24.5
插秧后第八至第十七星期	40	46,100,000	8.1
共计	100	123,000,000	

（四）整理安丰塘及其效用

安丰沿岸塘堤高度参差不齐，且不相连接。现将堤身一律增配至，高度28.5公尺，顶宽2.5公尺，内坡1：2，外坡1：3，使保持塘内最高水位达28.00公尺，最大蓄水量为46,800,000立方公尺。

灌溉之前必须将塘蓄满，存水46,800,000立方公尺则第一星期末塘内蓄水尚存2,500,000立方公尺，而第四星期又须用水

1,4800,000 立方公尺，故在开始三星期内至少应有 12300000 立方公尺之进水，或（14800000−2500000）／121×（24×60×60）=6.8 立方公尺每秒之流量方足以供给继续之需用。今规定此进水量至少为 8.0 立方公尺每秒，则各期进水、用水、及存水可计算见表 2。

表 2

时期	进水 （立方公尺）	用水 （立方公尺）	存水 （立方公尺）
灌溉前			46,800,000
灌溉开始至第一星期末	484,000	44300000	7340,000
第二星期至第四星期末	14520,000	14800,000	7060,000
第五星期至第七星期末	14520,000	14800,000	6780,000
第八星期至第十七星期末	48400,000	49100,000	6080,000
共计	82280,000	12300,000	

（五）水源之探测

灌溉水源，惟淠河是恃，据调查所得，淠河历年在灌溉时期，五六七月份，寻常水位为 32.2 公尺。八九月份寻常水位为 31.5 公尺。民国二十年最高水位为 36.00 公尺。并于民国二十四年（公元 1935 年）九月三日测得水位在 31.02 公尺时。其流量约为 40.0 秒立方公尺。

（六）进水口之设计

进水口地点择定于淠源河之孙家湾，该处地势较高，土质亦佳，最为适宜。进水流量为数不大，可采用双孔涵洞式，其进水口处装有闸门，以司启闭。在淠河水位 32.15 公尺时，其最大容量以能宣泄 8.0 立方公尺为标准。若淠河水位高涨，则涵洞泄量亦随之增大，兹将涵洞泄量与上下游水位之关系，列表如下（见表3）。

表3

涵洞上游水位（公尺）	涵洞下游水位（公尺）	涵洞泄量（秒立方公尺）
34.00	33.76	32.0
33.74	33.55	28.0
33.50	33.34	24.0
33.22	33.09	20.0
32.88	32.78	16.0
32.55	32.48	12.0
32.15	32.10	8.0

（七）引水干渠之设计

引水干渠利用淠源河及淠河故道以资输入安丰塘。塘河全段河槽尚宽深，水流亦通常，现时毋庸疏浚，只培两岸堤防及可。淠源河淤塞过甚，河床高仰，必须大加疏浚以利进水。干渠断面之设计，以涵洞下游水位 32.10 公尺及安丰塘水位 28.00 公尺时能泄 8.0 立方公尺每秒为最小标准。在淠河水位高涨时，干渠流量亦随之增大，当淠河水位为 34.00 公尺时其最大之流量为 32.0 立方公尺每秒。

（八）泄水道闸坝之修理

原有泄水道之闸坝如众兴集滚水坝，凤凰闸、皂口闸等，均应修理完整，以资泄水而防意外之虞。

（九）附属工程之修建

环塘分水涵洞，灌溉支渠，以及原有桥梁等建筑物，均应归受益地方人民负责修建，以节公帑。

（十）工费概算

本计划之土方工程，尤须亟行办理，借以利用冬令农隙工价低廉，且环塘田亩，今年秋收荒歉，农民经济窘迫，征夫兴工，并可作为工赈之举也。兹将工费概算列表如下。估计约共需工费13万元（见表4）。

表4

工程	数量	单位	单价（元）	总价（元）
增培安丰塘塘堤土工	65,000	公方	0.17	11050
增培塘河堤土工	150,000	公方	0.17	25500
疏浚淠源河土工	365,000	公方	0.12	43800
淠源河进水涵洞	1	座		40000
修理泄水闸坝	3	座		3000
工程管理费及意外费	5%			6650
共计				130000

（十一）利益

现在灌溉范围内共有稻田20万亩，丰年每亩平均可收稻四石，每石平均作价3元，共计生产约240万元。但照近十年来之现象统计，平均只有五成收获，若能将灌溉整理完成，使无水源不足之虞，则年增加生产120万元，田价在全盛时代，每亩可值70～80元，今仅值30元，灌溉事业复兴后，常可升至原价，即以每亩增加40元计，20万亩，共可达800万元左右。

参考文献

［1］寿县地方志编纂委员会.寿县志［M］.黄山书社，1996.

［2］安徽省水利志编撰委员会.安丰塘志［M］.黄山书社，1995.

［3］安徽省寿县水利电力局.寿县水利志［M］.安徽省寿县水利电力局内部出版，1993年.

［4］安徽省六安地区水利电力局.六安地区水利志［M］.安徽省六安地区水利电力局内部出版，1993年.

［5］徐旭生.中国古史的传说时代［M］.北京：科学出版社，1960.

［6］夏尚忠.芍陂纪事［M］.中国水科院水利史所馆藏，清光绪三年刊印.

［7］司马迁.史记［M］.北京：中华书局，1978.

［8］班固.汉书［M］.北京：中华书局，1959.

［9］范晔.后汉书［M］.北京：中华书局，1978.

［10］陈寿.三国志·武帝纪［M］.北京：中华书局，1978.

［11］沈约.宋书［M］.北京：中华书局，1974.

［12］陈寿.三国志·刘司马梁张温贾列传第15［M］.北京：中华书局，1978.

［13］陈寿.三国志·夏侯惇传［M］.北京：中华书局，1978.

［14］陈寿.三国志·仓慈传［M］.北京：中华书局，1978.

［15］陈寿.三国志·司马芝传［M］.北京：中华书局，1978.

［16］杜佑.通典·职官典［M］.北京：中华书局，1978.

［17］陈寿.三国志·袁涣传［M］.北京：中华书局，1978.

［18］陈寿.三国志·邓艾传［M］.北京：中华书局，1978.

［19］郦道元.水经注·肥水注［M］.北京：文学古籍刊行社，
1954.

［20］房玄龄，等.晋书·志第16食货［M］.北京：中华书局，
1978.

［21］司马光.资治通鉴·魏纪六［M］.北京：中华书局，1978.

［22］房玄龄，等.晋书·列传第16［M］.北京：中华书局，
1978.

［23］顾祖舆.读史方禹纪要·江南一［M］.北京：中华书局，
2005.

［24］钱仪吉.三国会要·禹地二·魏州郡上［M］.上海：上海
古籍出版社，2006.

［25］陈寿.三国志·魏志·曹爽传［M］.北京：中华书局，
1978.

［26］房玄龄，等.晋书·王珣传［M］.北京：中华书局，1978.

［27］陈寿.三国志·王毋丘诸葛邓钟传［M］.北京：中华书局，
1978.

［28］房玄龄，等.晋书·傅玄传［M］.北京：中华书局，1978.

［29］房玄龄，等.晋书·列传第16［M］.北京：中华书局，
1978.

［30］周振鹤.中国行政区划通史（先秦卷）［M］.上海：复旦
大学出版社，2009.

［31］李昉，等.太平御览［M］.北京：中华书局，1960.

［32］刘昫，等.旧唐书·地理志［M］.北京：中华书局，1978.

［33］胡传志.北宋治理芍陂考［J］.徐州工程学院学报，2014（3）：74.

［34］董诰，等.全唐文［M］.北京：中华书局，1983.

［35］魏征.隋书·赵轨传［M］.北京：中华书局，1973.

［36］王溥.唐会要［M］.北京：商务印刷馆，1935：1635.

［37］杜佑.通典·食货二.屯田［M］.北京：商务印书馆，1935.

后 记

光阴匆匆，转眼我接触芍陂已经整整十年光景了。十年，说长也不长，不过是人生长河的十分之一罢了，然而就在这十年，就是这座承载了2000多年水利文化的古代水利工程，激起了我对水利史的热爱与坚持，更推动着我一步一步向更深方向探索这座知识的大山。

十年前，当我的博士后导师谭徐明教授把一本略微泛黄的线装《芍陂纪事》交到手里时，我着实诚惶诚恐。这十年里，为了更多了解芍陂，我多次穿行在淮南的农田水渠中，徜徉在承载厚重楚文化的寿县古城墙上，漫步在盛一泓清水的芍陂塘堤旁，每每及此，我就会想象2000多前的孙公带领黎民百姓治水建陂的场面。时势造英雄，孙公修建芍陂成就了楚庄王的霸业，而芍陂两千余年能够屡废屡修，传承至今，离不开历代地方官的及时修治和沿陂百姓的世代守护。

这十年里，在2014年完成《芍陂灌溉工程遗产价值研究》博士后报告后，我有幸参加了寿县政府组织的世界灌溉工程遗产和中国重要农业遗产申报工作，其中主要负责申报材料撰写和视频拍摄。2015年10—11月，芍陂先后被成功列入"世界灌溉工程遗产"名录和第三批"中国重要农业遗产"。2022年，受寿县水利局之托，我又参与芍陂申请国家水利遗产的材料撰写工作。在参与这些申报工作的过程中，更是与芍陂、与寿县、与淮南结下了不解之缘。对芍陂的研究也逐渐从最初的工程结构体系还原深入到历代芍陂修治的社会文化背景分析，探讨水利工程与政治、经济社会的关系。在长期的钻研中，我越来越深地意识到，芍陂之于淮南地区、之于楚国甚至中国都有着重要的意义，至今它还发挥着重要的水利效益，穿越时空，它是镶嵌在淮南大地上的一颗明珠，熠熠发光。

这本小书，是在我博士后研究报告的基础上几经修改补充完成，参考了前辈的部分研究成果和近几年更深一步的相关思考，我的博士后导师谭徐明先生悉心教我水利史研究的不同视角和方法，她是我水利史研究上的引路人，一句感谢远远不能代表我对她的尊敬与爱戴！

值本书出版之际，我由衷感谢中国水科院水利史所吕娟所长对我的指导和支持，感谢我的同事李云鹏、张伟兵、刘建刚、邓俊、万金红、王英华、朱云枫、杜龙江、王力、王秀锦一路同行，给予我诸多的帮助。本书在写作过程中，还多次得到寿县水利局徐剑波副局长、农委戚士章主任、融媒体中心赵阳主任以及文物局李凤鑫局长的帮助，他们提供材料，解答问题，在此一并致谢！

感谢我的家人们，尤其是我的母亲，在我差旅劳顿之时，无微不至地帮我照顾女儿，免去我的后顾之忧，让我能心无旁骛专心工作、写作。这世间，唯有母爱最永恒。

谨以本书纪念过去的十年，愿未来的十年，诗和远方还在，勤奋与梦想并行。

周　波

2023 年 3 月

图书在版编目（CIP）数据

中国最早的蓄水工程：芍陂 / 周波著. -- 武汉：
长江出版社，2024.7
（世界灌溉工程遗产研究丛书 / 谭徐明总主编. 中国卷）
ISBN 978-7-5492-8796-3

Ⅰ. ①中… Ⅱ. ①周… Ⅲ. ①芍陂－水利史 Ⅳ.
① TV632.544

中国国家版本馆 CIP 数据核字 (2023) 第 055619 号

中国最早的蓄水工程：芍陂
ZHONGGUOZUIZAODEXUSHUIGONGCHENG：QUEBEI

周波　著

出版策划： 赵冕 张琼
责任编辑： 梁琰
装帧设计： 汪雪 彭微
出版发行： 长江出版社
地　　址： 武汉市江岸区解放大道 1863 号
邮　　编： 430010
网　　址： https://www.cjpress.cn
电　　话： 027-82926557（总编室）
　　　　　　027-82926806（市场营销部）
经　　销： 各地新华书店
印　　刷： 湖北金港彩印有限公司
规　　格： 787mm×1092mm
开　　本： 16
印　　张： 13
彩　　页： 4
字　　数： 149 千字
版　　次： 2024 年 7 月第 1 版
印　　次： 2024 年 7 月第 1 次
书　　号： ISBN 978-7-5492-8796-3
定　　价： 78.00 元